아두이노를 이용한

드론 제어실습

김용규 · 고일한 지음

도서출판 WisdomPL

머리말

최근 4차 산업혁명이라는 이슈가 떠오르면서 주요 기술로 IoT, 인공지능, 빅데이터, 무인이동체, 3D 프린팅, 보안, 개인화 서비스가 언급되었습니다. 다보스 포럼에서는 드론을 무인이동체(Unmanned Aerial Vehicle)로 분류하여 4차 산업혁명의 기술적 견인요인들(drivers) 중 하나로 간주하고 있습니다.

이처럼 4차 산업혁명에서 주목받고 있는 드론은 최초 군사용으로 개발되어 활용되었지만, 최근 멀티콥터형 드론이 출시되면서 현재는 상업용 시장이 빠른 속도록 성장하고 있습니다. 이러한 시대적 흐름에 발맞추어 드론 자격증 시험 응시자도 매년 급증하고 있습니다.

드론이 상용화되면서 드론을 수리하거나 다양한 산업영역에 적절하게 드론을 운용 및 제어 방법에 대한 필요성이 늘어나고 있습니다. 이와 같은 요구에 맞추어 초보자도 쉽게 접근할 수 있도록 아두이노 기반으로 제작된 드론을 사용하였습니다. 그리고 드론에 다양한 장치와 센서들을 장착하여 소스 코드 작성, 컴파일 및 업로드 실습 과정들을 학습 목표로 설정하여 드론을 활용하고자 집필하였습니다.

특히, 이 책은 드론에 대한 기초 실습뿐만 아니라 응용성을 키우기 위하여 다양한 예제를 구현함으로서 보다 현실적으로 드론에 접근하기 편리하게 단계별로 구성되어 있습니다. 드론 동작의 기초부터 소개되기 때문에 처음 아두이노를 접하는 독자들도 책의 내용을 이해하는데 크게 어렵지는 않으리라고 생각됩니다.

끝으로 이 책을 쓰는데 적극적인 도움을 주신 ㈜와우시스템 대표이사님, 책의 내용과 소스코드의 완성도를 높일 수 있게 섬세한 검토를 해 주신 ㈜와우시스템 직원 분들께도 진심으로 감사드립니다. 또한, 이 책이 나오기까지 위즈덤플 송기수 대표이사님과 편집부 모든 분들께도 감사드립니다.

저자 김용규 · 고일한

차 례

CH.1

DRONE BASIC TRAINER

이 장의 학습목표

▶ 드론에 대한 이론을 학습하고 드론 기초 실습장비의 구조를 이해할 수 있다.

▶ 드론 실습을 위한 환경을 구축할 수 있다.

1-1 준비하기

1-1-1 DRONE BASIC TRAINER

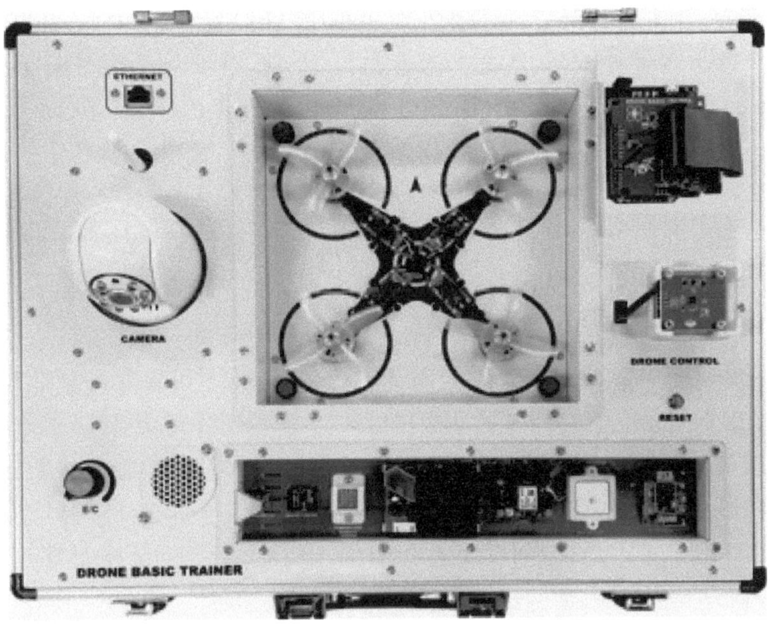

[그림 1-1] DRONE BASIC TRAINER

1-1-2 드론(Drone)

최근 드론에 대한 관심이 뜨겁다. 특히 중국의 DJI는 모형 헬리콥터의 비행조종 시스템을 만들다가 전격적으로 소비자 드론 시장에 뛰어들었는데, 2014년 약 5억 달러 정도의 매출을 올렸다고 한다. 이는 2013년과 비교할 때 4배가 증가한 것이며, 2015년에는 또 다시 2배 이상 성장을 할 것으로 보여 올해에는 소비자 드론을 만드는 기업 중에서 세계 최초로 10억 달러 매출을 달성할 것으로 예측된다. 당연히 기업가치도 크게 상승해서, 실리콘밸리에서는 DJI의 기업 가치를 100억 달러 이상으로 보고 있다.

(1) '드론' 용어의 기원

'드론(drone)'이란 단어의 어원은 '벌 떼'이다. 드론은 열심히 꽃가루를 모우는 일벌과는 달리 게으른 수컷 벌로서 여왕벌과의 교미를 준비하며 대부분의 시간을 보내는 벌을 말한다. 16세기 영국에서는 나태에 빠져있는 남성을 지칭하는데 드론을 사용했다. 또한 벌이 날아가며 일으키는 '윙윙' 소리를 표현할 때 동사 드론이 이용되었다. 이렇게 '게으른 남성'과 '위윙 소리를 내다'에 쓰였던 드론이라는 단어는 1935년 군사용어로 이용되었다. 미국 해군제독 윌리언 스탠리(William Standley)는 1935년 영국 해군의 훈련에 참관했다. 그 때 영국 해군은 "DH 82B 여왕벌"이라는 이름의 원거리 조정 무인 비행기를 띄워 날려 놓고 이를 맞추는 사격 훈련을 선보였다. 이에 깊은 인상을 받은 스탠리 제독은 델머 파니(Delmer Fahrney) 사령관에게 유사한 모델을 제작할 것을 주문하였고, 파니는 영국 '여왕벌'에 대한 경의를 표현하기 위해 미국 해군 유사 모델에 '게으른 수컷 벌'의 뜻을 가진 '드론'이라는 이름을 붙였다. 이후 미군은 전통 비행기를 연습용으로 개조한 무인비행기를 드론이라 불렀다.

드론이 미군에 의해 본격적으로 개발된 시점은 1960년 미국 정찰기 U2가 구소련 땅에서 추락된 사건 이후이다. 자국 군인을 보호하기 위해 정찰기능 중심의 무인비행기 개발에 착수했고 1980년대에 들어서면서 공격 기능을 가진 무인전투기 개발로 무게 중심이 옮겨간다. 미국 공군은 2025년까지 공군전투기의 1/3을 무인비행기를 대체하겠다는 계획이다. 다시 말해 역사적으로 볼 때 드론 개발을 주도한 주체는 미국 국방성이었고 미국 드론 산업은 지금까지 군사산업의 한 분야로 인식되고 있다. 그러다 보니 미국에서 민간영역의 드론 산업은 상대적으로 발전하지 못한 상태다.

(2) 드론의 활용 사례

1) 수동 조종 비행 사례

대부분의 DIY 드론의 경우 RF기반의 RC조종기를 사용하고 있다. 수동 조종기의 모드는 4가지 종류가 있고, 주로 모드1과 모드2를 많이 사용한다. 모드1의 경우 오른쪽 스틱으로 에일러론과 스로틀을 제어, 왼쪽 스틱으로 엘리베이터와 에일러론을 제어한다. 모드2는 실제 비행기와 가장 근접한 조종방식으로 오른쪽 스틱은 에일러론과 엘리베이터를 제어, 왼쪽 스틱은 스로틀과 러더를 제어한다. 즉 오른손으로 조종간을 잡고 에일러론과 엘리베이터를 제어하고, 왼손으로 스로틀 레버를 제어하는 실제 비행기와 매우 유사하다.

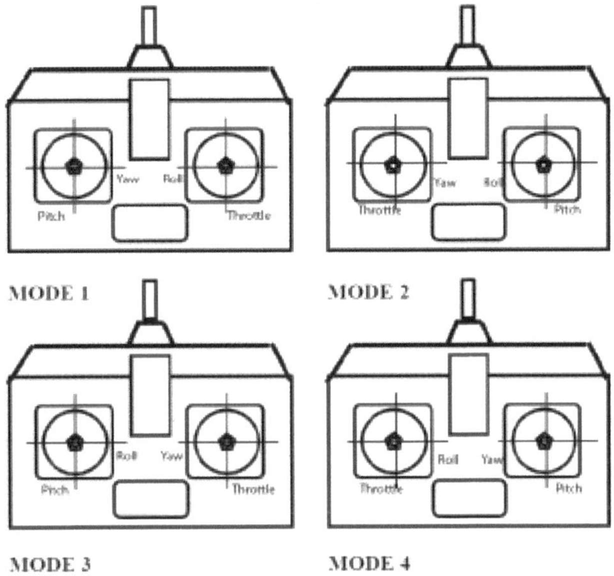

[그림 1-2] 수동 조종 방식
(출처: The Beginner's guide to multicopters)

2) 스마트폰 활용 사례

스마트폰을 활용한 드론의 조종 방식은 블루투스 통신을 사용한다. 가장 대표적인 예는 'Parrot'사의 AR Drone2.0 과 Bebop이 있다. 별도의 컨트롤러를 구입하지 않고, 쓰고 있는 스마트폰에 전용 어플리케이션을 설치하는 과정만 거치면 되기 때문에 입문자에게 부담이 적다. 또한 드론에 장착 되어 있는 영상장비에서 전송하는 영상 정보를 보면서 조종이 가능한 FPV(Frist Person View)기능 을 지원하고 있다. 블루투스의 특성상 RF기반의 조종기보다 수신거리가 매우 짧은 단점이 있다.

3) 자동 비행 사례

드론의 자동비행은 주로 GPS기반으로 이뤄진다. 미리 설정해 놓은 고도까지 이륙을 하거나, 안전하게 지정된 곳에 착륙을 하는 기능을 자동으로 설정해 놓을 수 있다. 또는 자신이 이륙한 장소를 기억하고 원하는 시점에 돌아오게 하거나, 배터리 잔량을 체크하고 방전되기 전에 돌아오게 하는 페일 세이프 기능도 자동 비행의 예라고 할 수 있다. 지도상에 표시한 좌표대로 비행하는 기능 역시 자동 비행의 사례이다. 트렉킹 디바이스를 장착한 사용자를 자동으로 추적하며 촬영하는 스마트 드론의 예로 'lily', 'airdog', 'nixie' 등이 있다.

[그림 1-3] 왼쪽부터 'lily', 'airdog', 'nixie'
(출처: techcrunch)

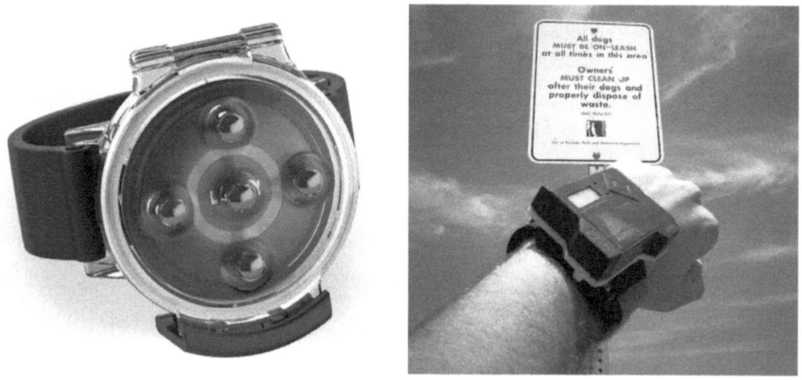

[그림 1-4] 왼쪽부터 'lily'와 'airdog'의 사용자 트렉킹 디바이스
(출처: techcrunch)

(3) 드론의 핵심 기술 및 향후 과제

최근 무인항공기를 지칭하는 드론 관련 산업이 미래를 이끌 신산업으로 부상하고 있다. 드론은 20세기 초에 군사용으로 개발되어 정찰·감시 및 폭격과 같은 군사임무를 수행하여 왔으나 최근 들어 독일 DHL, 아마존, 구글 등과 같은 다국적 기업들이 상업적 용도로 활용을 선언하며 연구 개발에 뛰어 들면서 그 시장이 예상보다 빨리 커지고 있다. 미국 틸 그룹의 보고서에 의하면 2013년 세계 드론 시장의 규모는 66억 달러였고 그 중 군사용이 90% 이상을 차지하고 있으나 향후 민수용 시장 비율이 상당히 커질 것으로 예상된다. 2022년에는 114억 달러 규모로 커질 것으로 예상하고 있다. 현재 민수용으로 사진 촬영용 소형 드론으로부터 정밀농업, 인프라 관리, 택배 및 화물수송 등으로 운용 범위를 확대하고 있다.

[그림 1-5] 드론의 운용 범위

택배용 드론	정밀농업용 드론	화물용 무인항공기
DHL, 아마존, 구글 등이 택배용 드론 개발 중	AUVSI, 2025년 정밀농업용 드론의 세계 민간 무인기 시장 80% 이상 점유율 예측	FedEX 등 물류 회사는 화물용 무인항공기에 대한 수요 지속
시계 외 비행을 위한 장거리 통신 항법기술, 장시간 비행을 위한 동력원기술, 정밀비행 제어 기술 등	탑재 초분광 카메라 기술, 매핑 기술, 최적비행기술, UGV 통합 기술 등	대형무인기 설계 기술, 무인기 유인공역 비행 기술, cockpit 자동화 기술 등

국내 드론 산업은 군수 위주로 시작되어 세계 7위권의 기술력을 확보한 것으로 평가되고 있다. 무인기 분야의 연구개발은 국방과학연구소와 한국항공우주연구원 등 정부출연연구소가 주도하는 가운데, 한국항공우주산업, 대한항공이 주로 체계종합(System Integrator) 및 비행체 개발을 담당하고 LIG넥스원, 삼성탈레스, 삼성테크윈 등의 대기업을 포함한 중소업체들이 부체계 기술을 개발하고 있다.

최근 소형 드론을 중심으로 시장형성이 가시화되는 민수 시장에서는 가격, 기술 경쟁력의 열위에 있어, 국내 산업경쟁력 확보와 미래 시장을 선도할 핵심 제품 개발이 시급한 실정이다. 또한 무인기의 비행체 국산화는 상당한 수준으로 진행되었으나, 광학(EO)·적외선(IR) 카메라 등 핵심 부가가치를 구성하는 탑재 임무장비의 경우 원천기술의 부족으로 해외에 의존하고 있다.

드론이 대중화 되어 안전한 비행을 하며 민간용으로 활용되려면 정보통신 기술과 융합된 다음과 같은 관련 핵심 기술의 개발이 필수적이다.

항공 무인이동시스템 통신/항법/교통관리 기술

- 항공 무인이동시스템의 국가공역으로의 안전한 통합을 위해 필요한 고신뢰도 무인기 제어링크 기술
- 항재밍/항기만 항법 및 대체항법 기술
- 차세대 항공교통관리와의 통합 및 차세대 항공교통관리 기술

항공 무인이동체 제어 및 탐지/회피 기술

- 항공 무인 이동체의 이착륙과 비행제어 및 자율화 향상 기술
- 안전한 비행과 임무 수행을 위해 다른 비행체나 물체 등의 위험요소를 탐지하고 충돌을 회피하는 탐지회피 기술

항공 무인이동시스템 센서 기술

- 항공 무인 이동체의 안전한 운항 지원 및 임무 수행을 위한 센서 기술

항공 무인이동시스템 S/W 및 응용 기술

- 항공 무인 이동체의 제어 및 임무 수행을 위한 고신뢰 실시간 OS와 interoperability 지원 개방형 S/W 플랫폼 및 표준 인터페이스 기술
- 무인이동체가 수행하게 될 특정한 임무 수행을 위해 필요한 탑재체 기술 및 빅 데이터 처리 등 응용 기술

항공 무인이동체 플랫폼 기술

- 다기능 초경량 소재 및 구조물 기술
- 무인기 actuator 및 기계/전기 기술
- 다학제 설계 기술
- 설계 자동화 기술

항공 무인이동체 동력원 기술

- 친환경적 고성능·고효율 동력원 기술

해외 기업의 경우, 드론 관련 핵심 기술 개발을 위하여 대학연구소 등과의 활발한 R&D 연계를 추구하는 반면, 국내 기업은 안정적 투자에 집중, 활발한 R&D 지원이 이루어지지 않고 있어, 정부의 역할이 중요하다. 한편, 무인기에 대한 민수 부분 관심이 높아져, 벤처기업들도 등장하고 있으나 아직 국내 시장 규모가 작아 경영상의 애로를 겪고 있어, 사업화 지원을 위한 대책이 마련될 필요하다.

이에 대한 대책으로 국내 산업 및 기술현황, 국내외 시장현황을 고려한 맞춤형 기술개발 전략을 수립하여 정부 출연연구원과 선도기업의 기술역량을 집중해, 소형드론을 국내 중소기업의 주력 상품으로 빠른 시일 내 육성할 필요가 있다.

또한 타 산업에서 육성된 세계 수준의 모터, 배터리, 카메라 기술을 소형 드론에 접목하고, 정부 출연연구원이 비행제어 컴퓨터 하드웨어 및 소프트웨어 국산화 프로펠러 최적화, 국산 탄소 복합재를 활용한 경량 구조 설계, 비행시간 증대를 위한 최적 비행 알고리즘 개발 등을 수행해 국내 영세 기업에 기술을 이전하기 위해 힘써야 한다. 국산화 지연 부품 및 해외 기술이전 기피 기술을 원천 기술부터 생산기술까지 체계적으로 육성해, 국내 무인항공산업의 부가가치율을 제고해야 할 것이다.

현재 국산 드론의 국제 경쟁력은 이 분야 기술 선진국 미국이나 독일, 그리고 신흥 강국 중국에 분야별로 3-7년 뒤지고 있다. 신개념 형상과 신소재를 활용한 창의적 드론을 설계하여, 우리의 발전된 IT 기술을 기반으로 한 초소형 비행제어 컴퓨터 하드웨어를 구성하고, 다양한 운용 소프트웨어를 창의적으로 적용한다면, 세계 최고 수준의 드론 명품이 개발될 것이고, 우리가 미래 드론 국제 시장을 주도하며 우리나라의 미래 산업의 국제 경쟁력을 높이는 데 크게 기여할 수 있을 것이다.

[자료 출처]

- http://techm.kr/bbs/board.php?bo_table=article&wr_id=735
- 한국정보통신기술협회 '드론 활용 지침' (https://committee.tta.or.kr/)
- 한국인터넷진흥원 '드론의 발전역사와 향후 시장 전망' (http://www.kisa.or.kr/)

1-2 실습하기

1-2-1 준비물

- DRONE BASIC TRAINER
- ARDUINO 설치 프로그램(Sketch)
- USB Cable

1-2-2 세부 구성

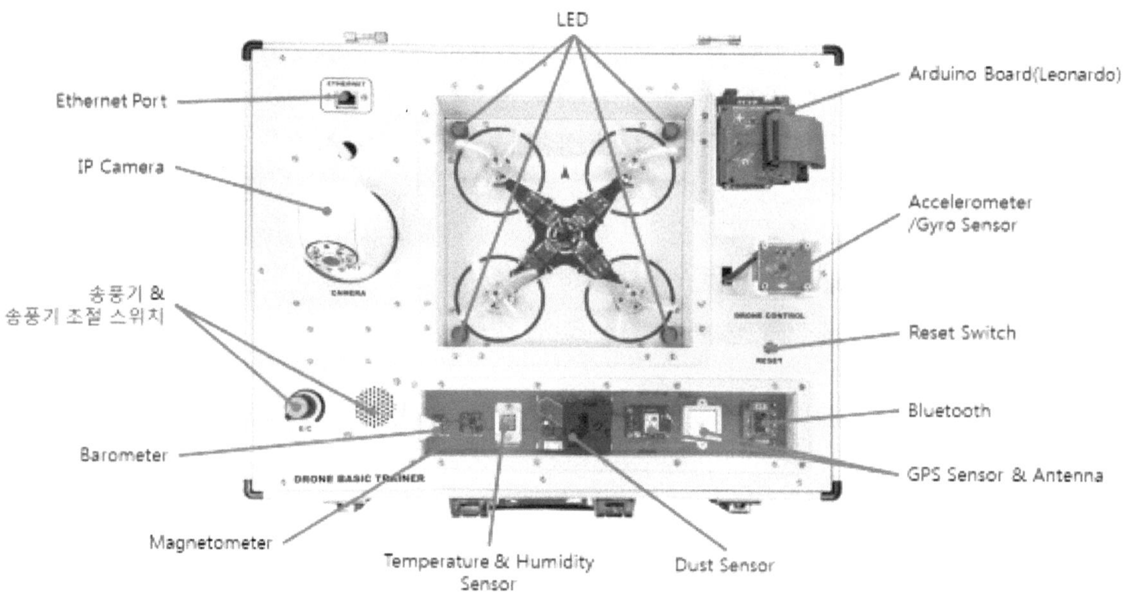

[그림 1-6] 세부 구성

- Quadcopter Drone : 4개의 모터를 X자 형으로 배열해 놓은 드론
- Arduino Board : Arduino Leonardo 보드가 장착되어 있다.
- 가속도/자이로 센서 보드 : 가속도/자이로 센서가 장착된 보드
- IP Camera : 인터넷을 이용하여 영상을 확인할 수 있다.
- Ethernet Port : IP 카메라를 사용하기 위한 포트
- Sensor : Barometer(기압계), Magnetometer(지자계), Temperature&Humidity(온/습도), Dust (먼지), GPS(위치) 센서 순으로 놓여 있음

- 송풍기&조절 스위치 : 기압계 센서를 위한 송풍기와 조절 스위치
- Bluetooth : 앱에서 드론 제어 및 센서 값 모니터링을 위한 통신 장치

아두이노 레오나르도 보드는 장비와 연결을 위해 아두이노 보드 위에 드론 연결 보드를 장착 후 컨넥팅 케이블로 장비와 연결한다.

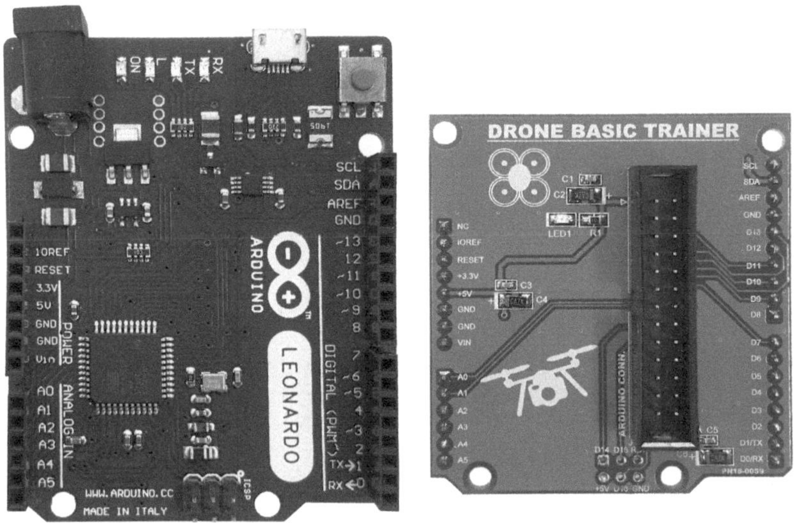

[그림 1-7] 아두이노 보드와 드론 연결 보드

위와 같이 드론 연결 보드에는 아두이노 보드와 동일하게 핀 번호 및 기능들이 기록되어 있으며, 컨넥트 포트는 아래 회로도와 같이 드론과 연결되어 있다.

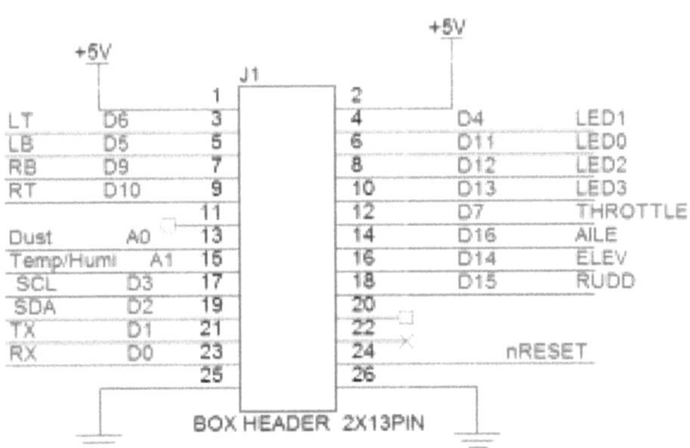

[그림 1-8] 컨넥트 포트

1-2-3 프로그램 실습 환경 구축

(1) ARDUINO 설치

① 아두이노 소프트웨어 툴은 아두이노 홈페이지에서 무료로 다운로드 가능하다.

http://arduino.cc/

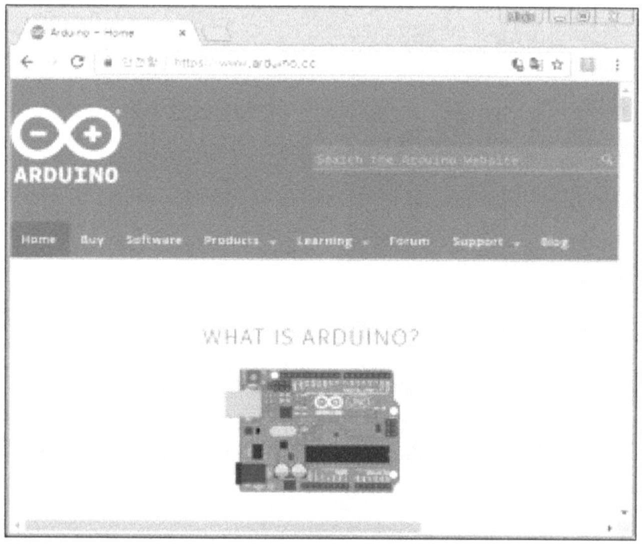

[그림 1-9] 아두이노 홈페이지

② Software를 선택한다.

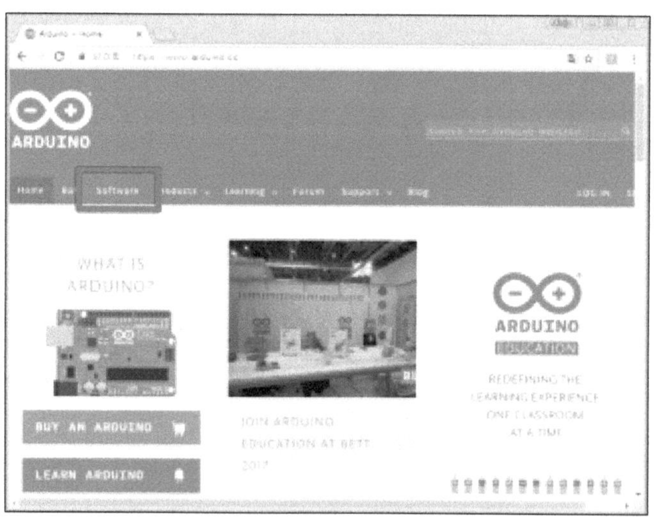

[그림 1-10] Download 선택

③ 'Windows installer'를 선택한다.

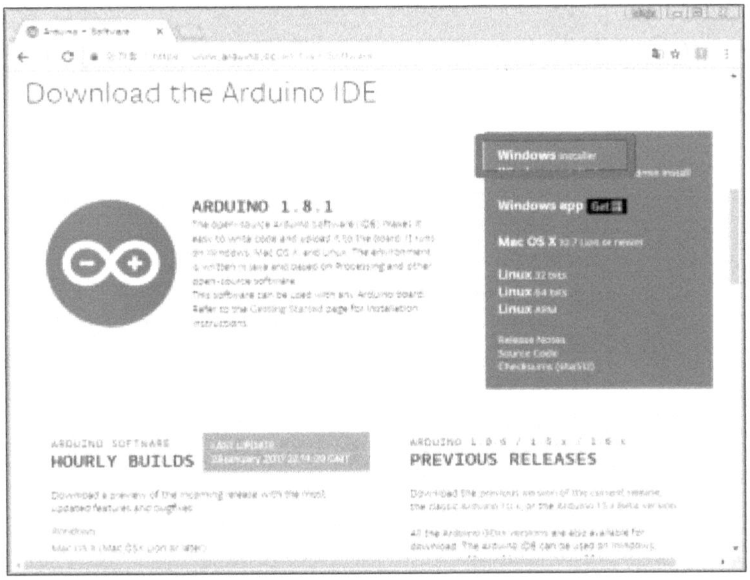

[그림 1-11] Windows Installer 선택

④ 'JUST DOWNLOAD'를 선택한다.

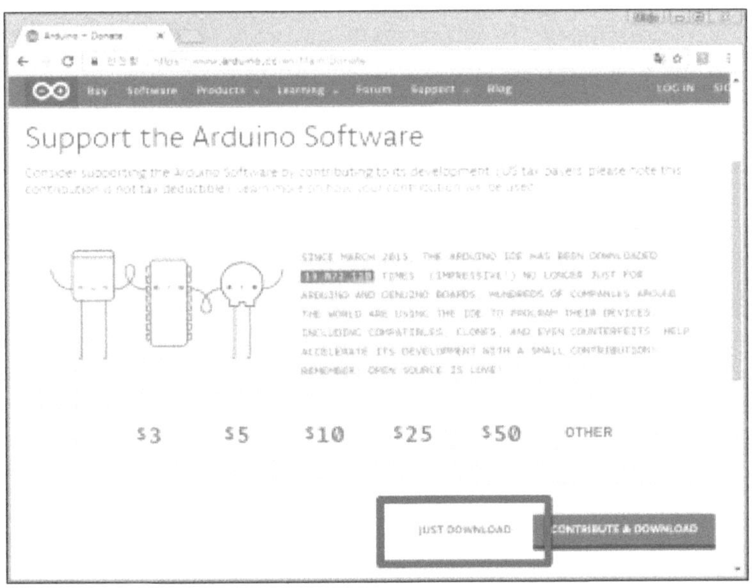

[그림 1-12] 다운로드

⑤ 다운로드 받은 파일을 실행한다.

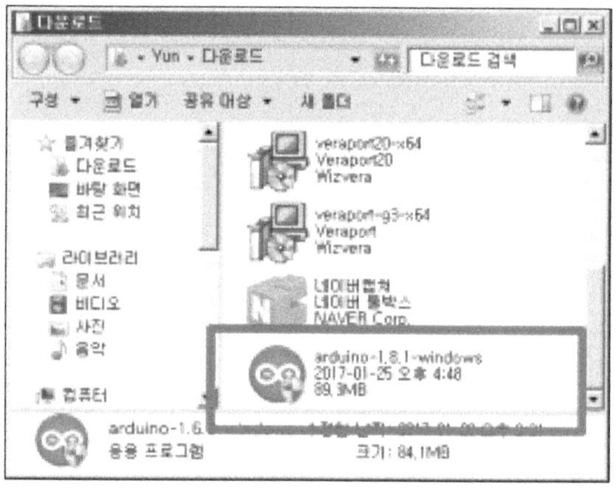

[그림 1-13] 파일 실행

⑥ 라이센스 동의에서 'I Agree'를 선택한다.

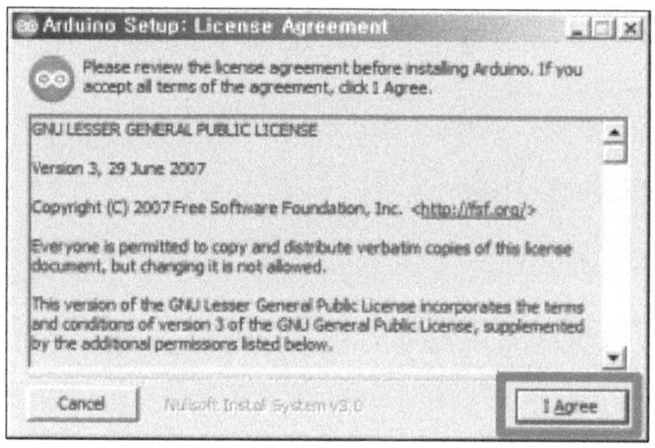

[그림 1-14] 라이센스 동의

⑦ 설치 옵션에서 디폴트값으로 두고 'Next'를 선택한다.

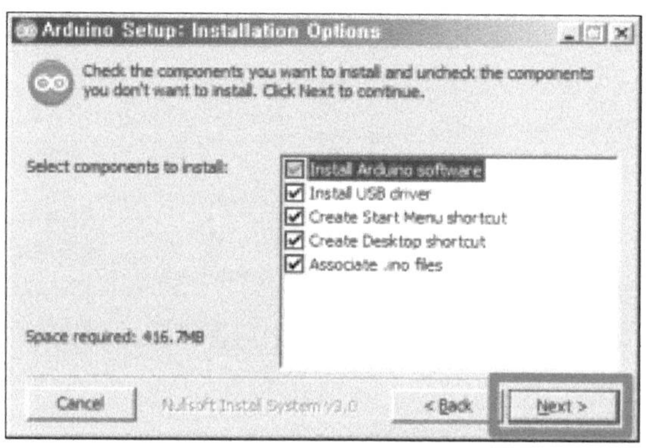

[그림 1-15] 설치 옵션

⑧ 설치 위치를 설정한다. 디폴트값으로 두고 'Install'을 선택한다.

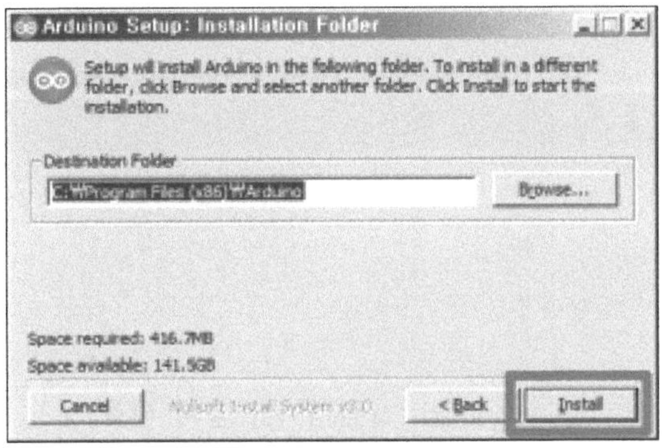

[그림 1-16] 설치 폴더

⑨ 설치가 진행된다.

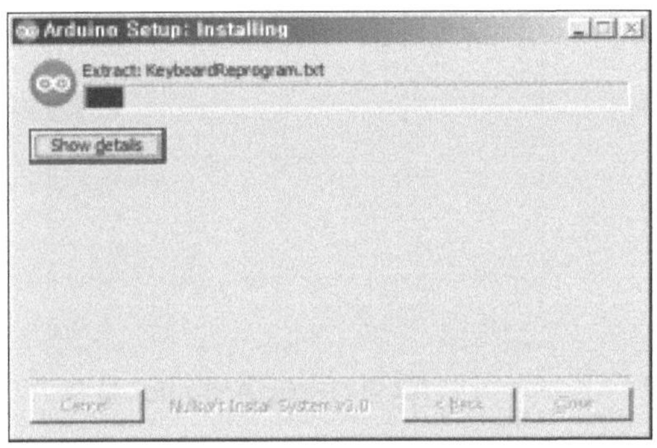

[그림 1-17] 설치 진행

⑩ 아두이노 USB 드라이버 설치를 함께 진행하기 위해 '설치'를 선택한다.

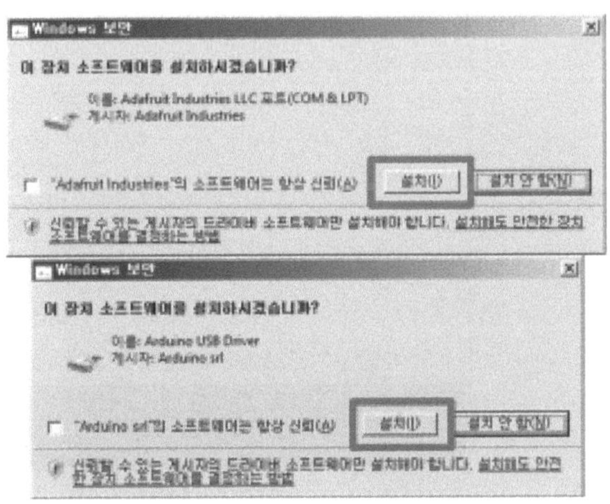

[그림 1-18] USB 드라이버 설치

⑪ 설치가 완료되면 'Close'를 선택한다.

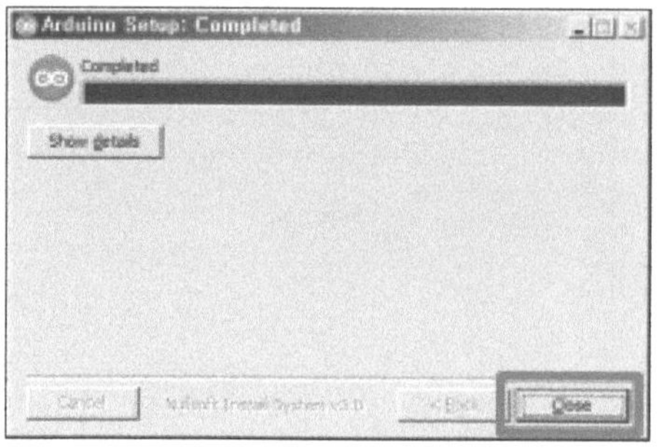

[그림 1-19] 설치 완료

⑫ Arduino를 실행한다.

[그림 1-20] Arduino 실행

⑬ Arduino를 실행하면 아래와 같이 화면이 나타난다.

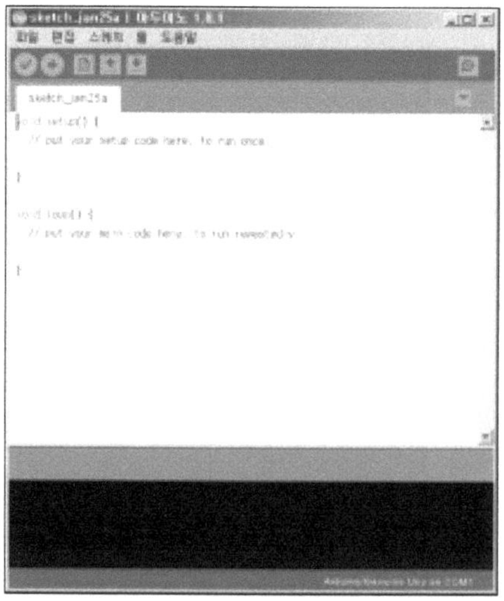

[그림 1-21] 아두이노 프로그램 실행

(2) 장비 연결 방법

Arduino는 기본적으로 다양한 파생 제품이 존재하여 사용되는 IC에 따라 핀의 위치가 달라질 수 있다. 그렇기 때문에 Arduino IDE에서는 프로그램을 위해 타겟 보드를 지정해 주어야 한다.

① '제어판 → 시스템 → 장치 관리자'로 들어가 포트에 사용하려는 아두이노 보드와 COM Port 번호를 확인한다. 만약 아두이노 보드가 표시되지 않는다면 보드와의 연결을 해제했다가 다시 연결한다.

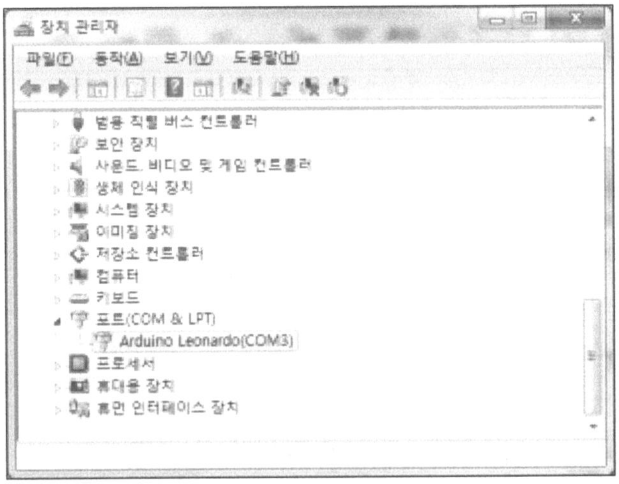

[그림 1-22] 장치관리자 확인

② Arduino Leonardo를 타겟 보드로 지정하는 방법은 상단 메뉴 바에서 '툴 → 보드'로 들어가면 다양한 Arduino 보드들이 나오는데, 그 중에서 "Arduino Leonardo"라는 항목을 선택한다.

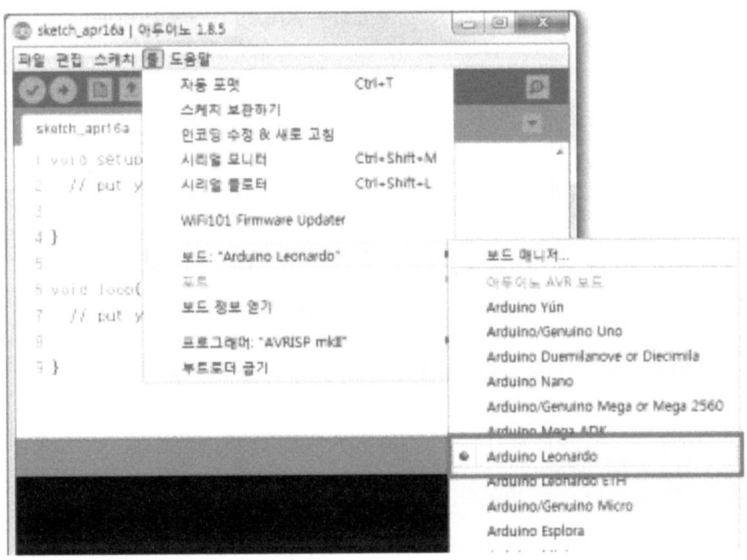

[그림 1-23] 보드 선택

③ 프로그램 다운로드를 위한 포트를 잡아주어야 하는데, 상단 메뉴 바에서 '툴 → 포트'로 들어가면 COM 포트들이 뜨는데, 앞서 장치 관리자에서 확인한 포트 번호를 선택해주면 된다. 만약, COM 포트가 목록에 없다면 USB Cable의 연결을 다시 확인해야 한다.

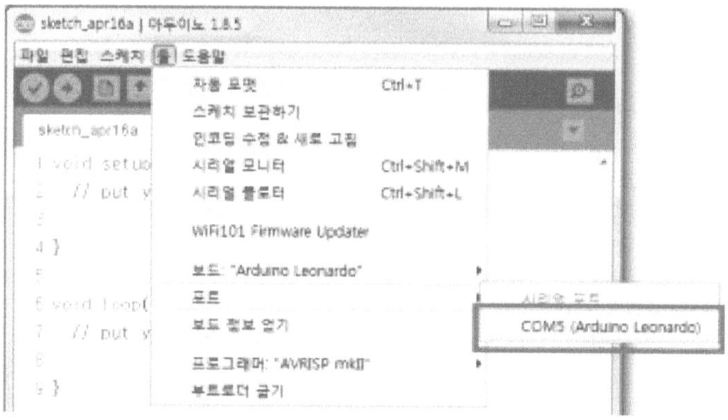

[그림 1-24] 시리얼 포트 선택

(3) 펌웨어 개발을 위한 자료

펌웨어에 관련된 자료는 CD의 '03 Library' 폴더에 제공하였다.(CD는 www.webhard.co.kr 접속 → ID : gsinter7 PW : 1111 로그인 → [내리기전용]폴더 → [CD 아두이노~]에서 받을 수 있다.)

실습을 위해서 '03 Library' 폴더의 실습관련 라이브러리들을 아두이노 설치 폴더의 'libraries' 폴더에 복사해 두어야 실습이 가능하다.

- 64 bit : C드라이브 〉 Program Files (x86) 〉 Arduino 〉 libraries
- 32 bit : C드라이브 〉 Program Files 〉 Arduino 〉 libraries

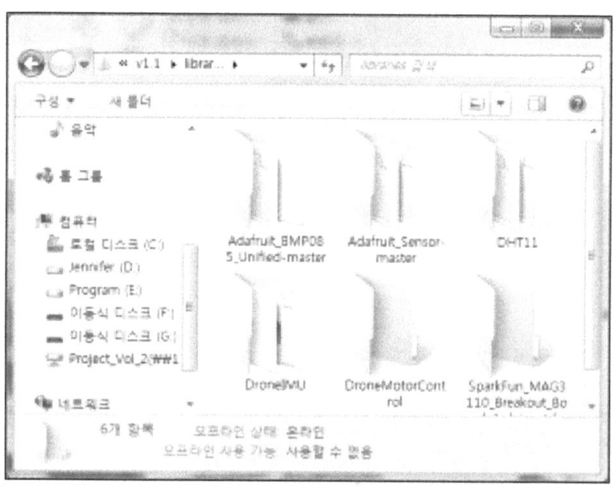

[그림 1-25] 라이브러리

각각의 라이브러리 폴더는 다음과 같이 사용하는 기능에 따라 나누어져 있다.

- Adafruit_BMP085_Unified-master, Adafruit_Sensor-master
  Barometer 센서를 사용하기 위한 라이브러리. 기압 측정에 사용되는 함수들이 포함됨.
- DHT11
  온/습도 센서를 사용하기 위한 라이브러리. 온/습도 측정에 사용되는 함수들이 포함됨.
- DroneGPS
  드론 GPS 센서를 사용하기 위한 라이브러리. GPS 센서 측정에 사용되는 함수들이 포함됨.
- DroneIMU
  드론 가속도/자이로 센서를 사용하기 위한 라이브러리. 가속도/자이로 센서 값 계산 및 처리 방법에 사용되는 함수들이 포함됨.
- DroneMotorControl
  드론 모터 제어를 사용하기 위한 라이브러리. 드론 모터 동작에 사용되는 함수들이 포함됨.
- SparkFun_MAG3110_Breakout_Board_Arduino_Library-master
  Magnetometer 센서를 사용하기 위한 라이브러리. 지자계 측정에 사용되는 함수들이 포함됨.

〈 라이브러리의 구성 〉

라이브러리는 기본적으로 폴더 단위로 되어있으며, 폴더 내부에는 다음과 같이 구성되어 있다.
① *.h (헤더파일) : 클래스나 변수 등을 선언하는 파일로 소스코드까지 포함된 경우도 있음.
② *.cpp 또는 *.c (소스코드 파일) : 함수의 소스코드 등을 포함
③ 폴더 (내부에*.ino파일) : 기본 기능 테스트용 예제파일(센서)
④ Readme, keywords : 라이브러리 사용법에 관한 내용 (내용이 부실한 경우가 많음)

① 파일은 필수적으로 갖춰져야 하며, ②, ③, ④ 파일은 필요에 의해 넣어줄 수 있다.
하지만 대부분의 경우 ①과 ②는 갖추고 있다.

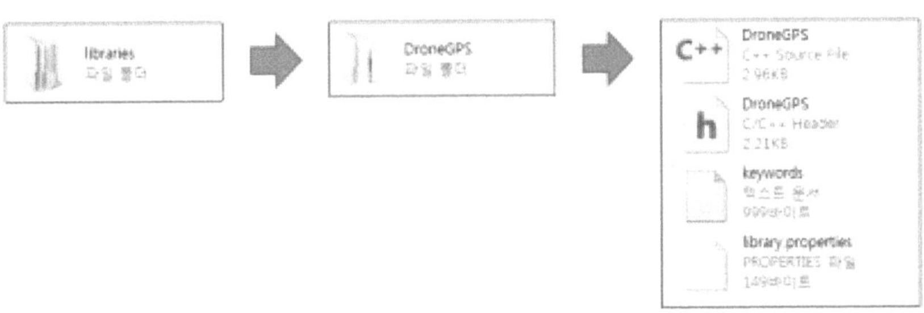

'DroneGPS' 라이브러리를 예시로 보면 ①, ②, ④를 포함하고 있으며, ③은 없는 것을 볼 수 있다.
※ 라이브러리에 따라 헤더파일(.h)과 소스파일(.cpp)은 src 폴더 내에 위치할 수 있다.

CH.2

LED 제어

이 장의 학습목표

▶ 드론에 장착된 LED를 제어할 수 있다.

2-1 준비하기

실습장비의 BLDC 모터는 회전 속도가 빨라 그 차이를 눈으로 확인하기 어렵다. 이에 각 모터 아래에 LED를 장착하여 BLDC 모터의 회전속도에 따라 LED를 ON/OFF 시켜 회전 속도의 차이를 확인할 수 있도록 하였다. 예를 들어, 모터가 빠르게 회전하면 LED를 ON 시키고, 느리게 회전하면 LED를 OFF 시켜 회전 속도를 확인할 수 있다.

[그림 2-1] LED 위치

드론의 LED 핀은 아두이노 보드와 연결되어 있다. 각각 LED0은 D11, LED1은 D4, LED2는 D12, LED3은 D13에 연결되어 있다.

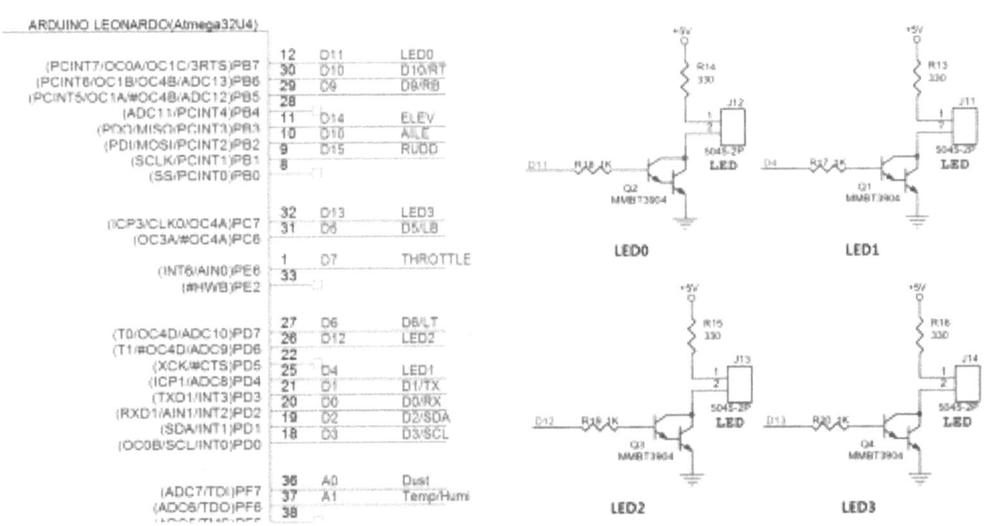

[그림 2-2] 아두이노 보드 & LED 회로도

실제 아두이노 보드의 D4와 D11~D13 핀은 아래 그림과 같이 우측에 위치해 있으며, 핀 번호 앞의 알파벳 'D'는 Digital 핀을 의미한다.(드론 연결 보드에는 아두이노 보드와 동일하게 핀 번호 및 기능들이 인쇄되어 있다.)

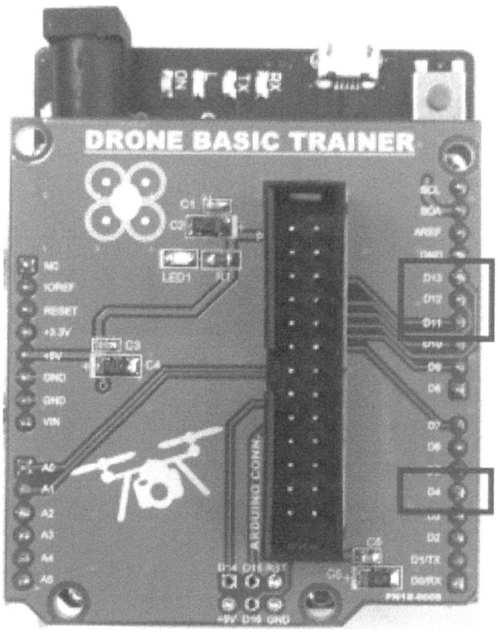

[그림 2-3] 실제 아두이노 보드 연결 포트

2-2 실습하기

LED0의 ON/OFF를 제어한다.

2-2-1 준비물

- DRONE BASIC TRAINER
- ARDUINO Sketch
- USB Cable

2-2-2 소스 코드

01_LED_Control\LED_Control_01\LED_Control_01.ino

LED0이 연결되어 있는 11핀을 정의한다.

```
#define LED0    11
```

'setup()' 함수는 초기 설정을 위해 한번 실행된다.

- 'Serial.begin(speed)'는 시리얼 모니터를 사용하기 위하여 통신 속도(speed)를 설정한다. 통신 속도 는 다양한 값을 사용할 수 있지만 보통 9600을 많이 사용한다.
- 'pinMode(pin, mode)'는 데이터 값을 송/수신하기 위하여 핀 번호를 설정하며(pin), 이 핀을 입력 또는 출력(mode)으로 설정한다. LED0이 연결된 핀을 출력으로 설정한다.

```
void setup()
{
  Serial.begin(9600);

  pinMode(LED0, OUTPUT);
}
```

'loop()' 함수는 실제 동작이 반복하여 이루어진다.

- 'digitalWrite(pin, value)'는 지정한 디지털 핀(pin)에 값(value)을 입력해준다. LED0의 상태를 'HIGH'로 설정하여 LED0을 ON 시킨다.
- 'Serial.println(val)'은 시리얼 모니터에 문자(val)를 출력 후 다음 줄로 커서를 넘겨준다. 시리얼 모니터에 "LED ON" 메시지를 출력한다.
- 'delay(ms)'는 설정한 값(ms)만큼 시간을 지연시킨다. 단위는 milliseconds이며, 1000ms이면 1sec가 된다.

```
void loop()
{
  digitalWrite(LED0, HIGH);
  Serial.println("LED ON");
  delay(1000);
```

같은 방법으로 LED0의 상태를 'LOW'로 설정하여 LED0을 OFF 시킨 후 시리얼 모니터에 "LED OFF" 메시지를 출력하고 1초 동안 대기한다.

```
  digitalWrite(LED0, LOW);
  Serial.println("LED OFF");
  delay(1000);
}
```

2-2-3 컴파일 및 업로드

① 아두이노 프로그램에서 확인( ) 아이콘을 클릭하여 컴파일이 수행되는 것이 하단의 Build 창에 보이는 것을 확인할 수 있다.

② 장비와 같이 제공되는 USB Cable을 이용하여 아두이노에 업로드 한다. 아래와 같이 장비와 USB Cable을 연결한다.

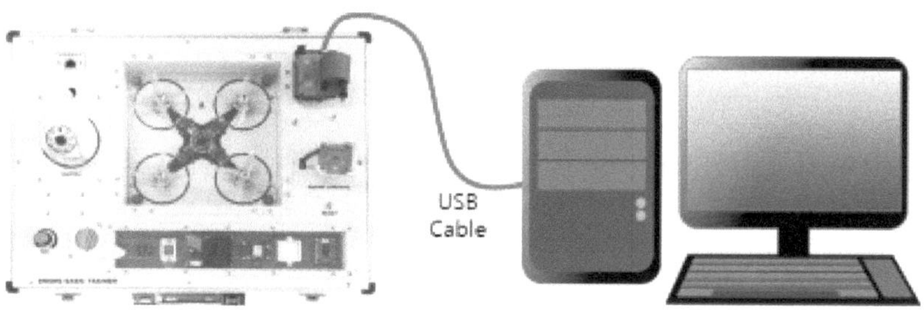

[그림 2-4] PC와 장비 연결

③ '툴'을 선택하여 아두이노 보드의 종류와 연결된 COM 포트를 각각 선택한다.

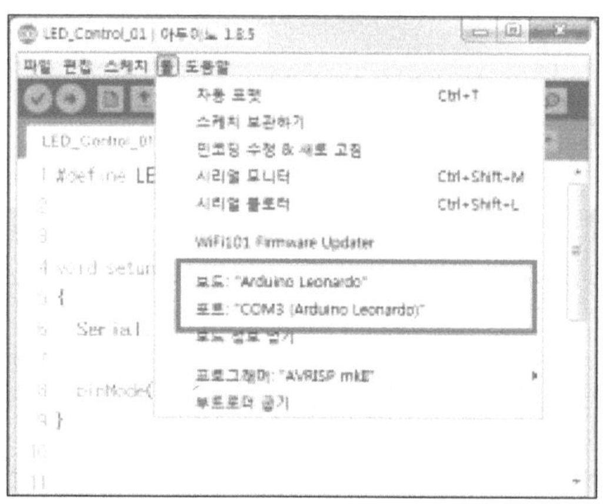

[그림 2-5] 컴포트 선택

④ 아두이노 프로그램에서 업로드( ) 아이콘을 클릭하여 아두이노에 업로드한다.

⑤ 시리얼 모니터를 실행한다.

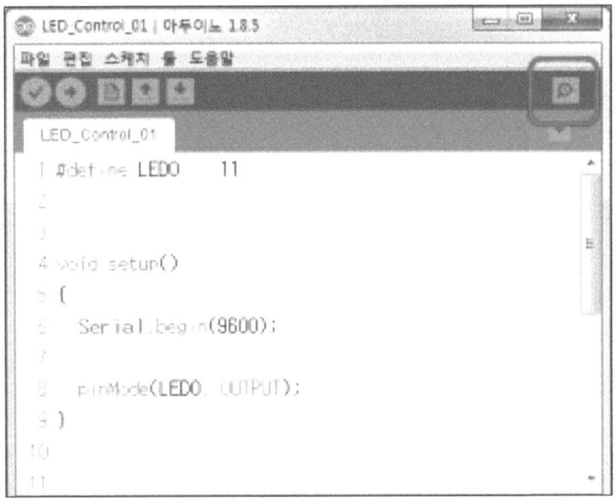

[그림 2-6] 시리얼 모니터 실행

2-2-4 결과 확인

드론 모터 아래에 장착된 LED0이 1초 간격으로 ON/OFF 되는 것을 확인할 수 있다.

[그림 2-7] LED0 ON/OFF

또한 시리얼 모니터에 상태가 출력되는 것을 확인할 수 있다.

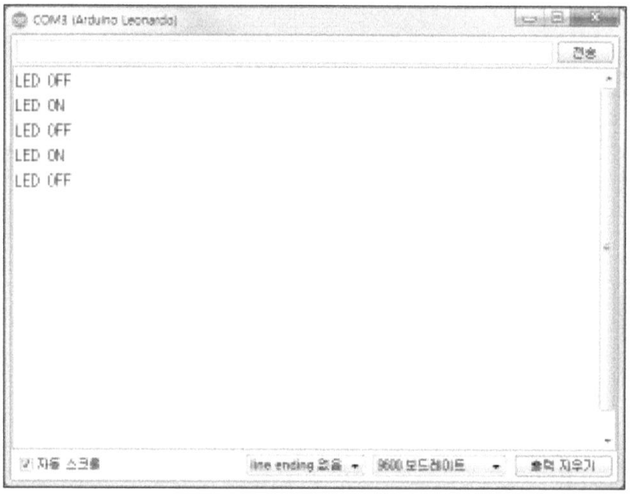

[그림 2-8] 센서 결과 값 출력

2-3 활동 과제

LED0~LED3을 순차적으로 ON/OFF 시키고, 그 상태를 시리얼 모니터에 출력하는 펌웨어를 작성한다.

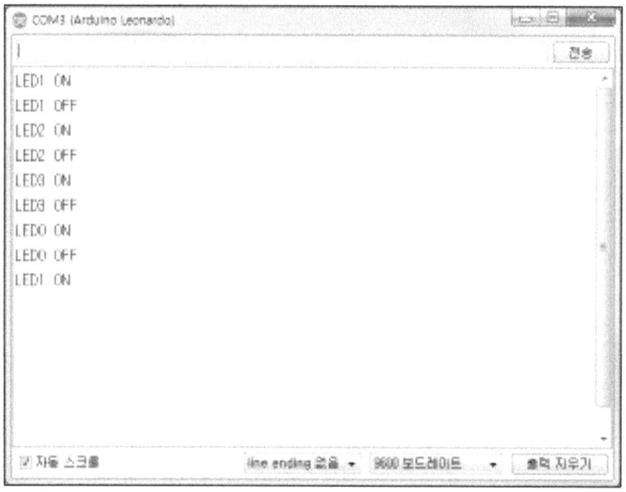

[그림 2-9] 센서 결과 값 출력

CH.3

환경 센서 모니터링

이 장의 학습목표

▶ 장비에 장착된 온/습도 센서와 먼지 센서의 데이터 값을 구할 수 있다.

▶ 환경 센서 값을 시리얼 모니터를 통해 모니터링 할 수 있다.

3-1 준비하기

드론에 장착되는 다양한 센서들 중 온/습도 센서와 먼지 센서는 드론의 주변 환경 상태를 측정할 수 있는 센서이다. 온/습도 센서는 드론 주변의 온도와 습도를 측정하며, 먼지 센서는 드론 주변에서 발생된 먼지량을 측정한다. 온/습도 센서와 먼지 센서는 장비의 하단에 장착되어 있다.

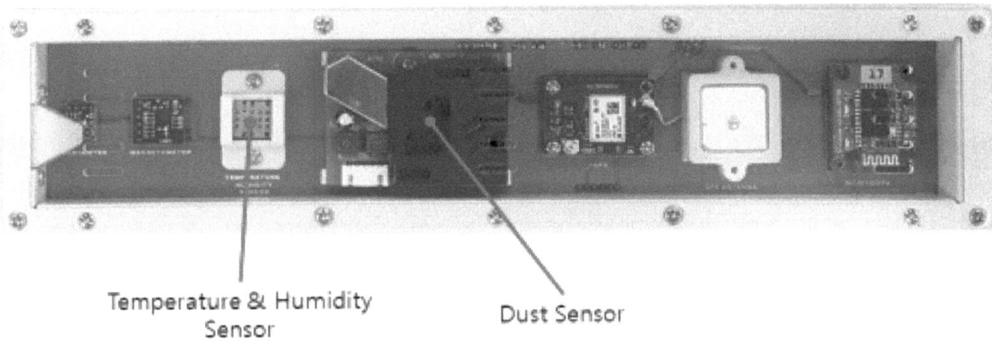

[그림 3-1] 센서 위치

3-1-1 온/습도 센서

온/습도 센서는 하나의 센서에서 온도 값과 습도 값을 함께 측정할 수 있는 센서이다. 본 실습에 사용한 센서는 DHT11 센서로 빠른 응답시간을 가지며 디지털 인터페이스로 적용이 용이하다. 또한 크기가 작으며, 안정성이 우수한 센서이다. 다음은 DHT11 온/습도 센서의 세부 사양이다.

[그림 3-2] 온/습도 센서

- 습도 측정 범위 : 20% ~ 90% RH (0-50℃ 온도 보상)
- 온도 측정 범위 : 0 ~ +50℃;
- 습도 측정 오차 : ± 5.0% RH
- 온도 측정 오차 : ± 2.0℃

앞의 그림에서 보이는 것처럼 센서는 4개의 핀을 가지고 있지만 실제 사용하는 핀은 3개의 핀만 사용한다.

핀 번호	용도
1번 핀	VCC 3.5~5.5 V DC
2번 핀	DATA (시리얼 양방향)
3번 핀	사용안함
4번 핀	GND

3-1-2 먼지 센서

먼지 센서는 공기 중의 먼지의 양을 측정할 수 있는 센서이다. 본 실습에 사용하는 센서는 PPD42NS 센서로 1마이크로미터 이상의 먼지에 반응하며, 미세먼지 농도, 담배연기 인식 등에 사용할 수 있다.

[그림 3-3] 먼지센서

- 전원 공급 : 5 V (4.75 V ~ 5.25 V)
- 크기 : 59(W) X 45(H) X 22(D)mm

먼지 센서는 5개의 핀 중에서 3개의 핀을 이용하여 값을 측정할 수 있다.

핀 번호	용도
1번 핀	GND
2번 핀	사용안함
3번 핀	5 V
4번 핀	DATA
5번 핀	사용안함

보통 4번 핀의 신호는 HIGH 상태이다. 이 신호가 PM concentration(Particulate Matters, 입자 농도) 에 비례적으로 LOW로 바뀐다. 따라서 Lo Pulse Occupancy (LPO, Low 신호가 지속된 시간)를 측정함으로써 PM(=먼지 농도)을 계산할 수 있다.

LPO 시간 측정은 30초 동안 하는 것을 권장한다.(30초간 Low 상태가 지속된 시간을 측정함) 만약 해상도를 어느 정도 포기할 수 있는 상황이라면 15초간 측정해서 사용하는 것도 가능하다.

[자료 출처]

- 메카솔루션 (http://mechasolution.com/shop/goods/goods_view.php?goodsno=855)
- 하드카피 아두이노(http://www.hardcopyworld.com/ngine/aduino/index.php/archives/1485)

3-1-3 회로도

(1) 온/습도 센서

온/습도 센서의 데이터 핀은 아두이노 보드의 A1에 연결되어 있다.

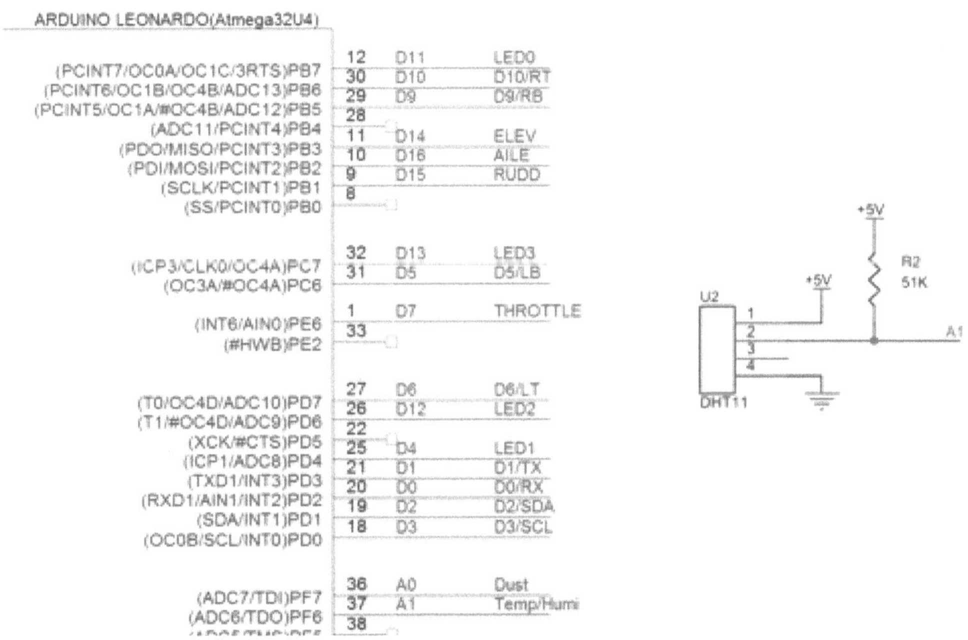

[그림 3-4] 아두이노 보드 & 온/습도 센서 회로도

(2) 먼지 센서

먼지 센서의 데이터 핀은 아두이노 보드의 A0에 연결되어 있다.

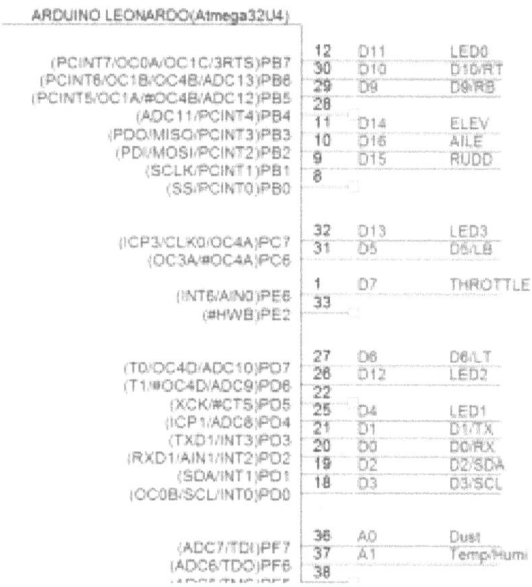

[그림 3-5] 아두이노 보드 & 먼지센서 회로도

실제 아두이노 보드의 A0와 A1 핀은 아래 그림과 같이 좌측에 위치해 있으며, 핀 번호 앞의 알파벳 'A'는 Analog 핀을 의미한다.(드론 연결 보드에는 아두이노 보드와 동일하게 핀 번호 및 기능들이 인쇄되어 있다.)

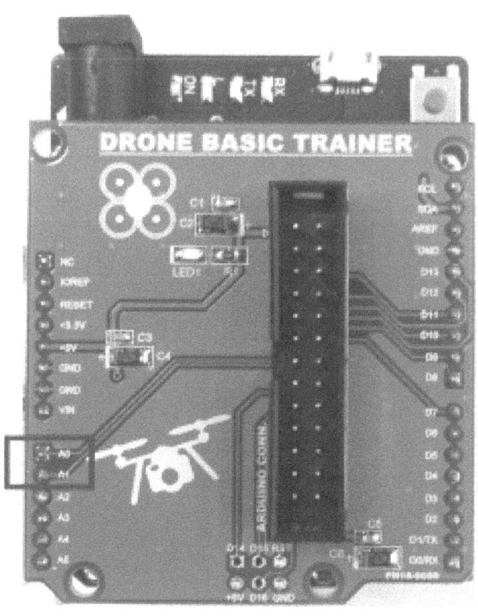

[그림 3-6] 실제 아두이노 보드 연결 포트

3-1-4 라이브러리

본 실습에서는 온/습도 센서의 값을 측정하기 위하여 'DHT11' 라이브러리를 사용하며, 주로 사용하는 함수는 아래와 같다.

- dht11.DHT11(int _dht_pin)
  라이브러리의 객체생성을 위한 함수이며, 호출시 연결되어있는 디지털 핀의 값을 인자 값으로 받아온다.
- dht11.read()
  연결되어 있는 센서의 값을 읽어올 때 사용하는 함수이다. 온/습도의 데이터를 4개의 배열에 순차적으로 저장한 후 계산하여 온/습도의 값을 산출한다.
- dht11.read_dht_data()
  센서의 값을 읽어올 때 함께 호출되는 함수이며, 읽어온 센서의 데이터를 배열 변수에 순차적으로 저장하는 역할을 한다.

〈 라이브러리의 구성 〉

라이브러리는 기본적으로 폴더 단위로 되어있으며, 폴더 내부에는 다음과 같이 구성되어 있다.
① *.h (헤더파일) : 클래스나 변수 등을 선언하는 파일로 소스코드까지 포함된 경우도 있음.
② *.cpp 또는 *.c (소스코드 파일) : 함수의 소스코드 등을 포함
③ 폴더 (내부에*.ino파일) : 기본 기능 테스트용 예제파일(센서)
④ Readme, keywords : 라이브러리 사용법에 관한 내용 (내용이 부실한 경우가 많음)

① 파일은 필수적으로 갖춰져야 하며, ②, ③, ④ 파일은 필요에 의해 넣어줄 수 있다.
하지만 대부분의 경우 ①과 ②는 갖추고 있다.

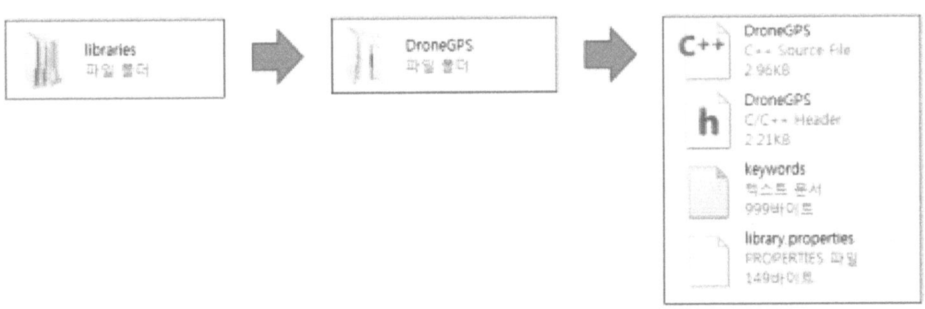

'DroneGPS' 라이브러리를 예시로 보면 ①, ②, ④를 포함하고 있으며, ③은 없는 것을 볼 수 있다.
※ 라이브러리에 따라 헤더파일(.h)과 소스파일(.cpp)은 src 폴더 내에 위치할 수 있다.

3-2 실습하기

온/습도 값을 측정하여 시리얼 모니터로 출력한다.

3-2-1 준비물

- DRONE BASIC TRAINER
- ARDUINO Sketch
- USB Cable

3-2-2 소스 코드

02_Sensor_Monitoring_01\Sensor_Monitoring_01_01\Sensor_Monitoring_01_01.ino

DHT11 온/습도 센서를 사용하기 위해 'DHT11' 라이브러리의 파일을 포함한다. 라이브러리에는 온/습도 센서 값을 읽어오는 함수의 내용이 작성되어 있다.

```
#include "DHT11.h"
```

온/습도 센서가 연결되어 있는 A1핀을 정의한다.

```
#define SENSOR_PIN      A1
```

DHT11 라이브러리 사용을 위해 객체를 'dht11'로 선언하고 사용되는 핀 번호를 입력하여 연결해 준다.

```
DHT11 dht11(SENSOR_PIN);
```

'setup()' 함수에서 시리얼 통신을 사용하기 위해 9600으로 통신 속도를 설정하고 초기화한다.

```
void setup()
{
    Serial.begin(9600);
}
```

'loop()' 함수에서는 'read()' 함수를 사용하여 온/습도 센서의 값을 모두 읽어 온다.('dht11.read()' 함수에 대한 설명은 교재 마지막장 부록에서 'DHT11 라이브러리'에 자세히 설명되어 있다.)

```
void loop()
{
  dht11.read();
```

온도 값 데이터는 'temperature' 변수에 저장하고, 습도 값 데이터는 'humidity' 변수에 저장한다.

```
  int temperature = (int)dht11.temperature;
  int humidity = (int)dht11.humidity;
```

앞에서 변수에 저장한 온도 값과 습도 값을 시리얼 모니터에 차례로 출력한다.

```
  Serial.print(temperature);
  Serial.print(" , ");
  Serial.println(humidity);
  delay(1000);
}
```

3-2-3 컴파일 및 업로드

① 아두이노 프로그램에서 확인(✓) 아이콘을 클릭하여 컴파일이 수행되는 것이 하단의 Build 창에 보이는 것을 확인할 수 있다.

② 장비와 같이 제공되는 USB Cable을 이용하여 아두이노에 업로드 한다. 아래와 같이 장비와 USB Cable을 연결한다.

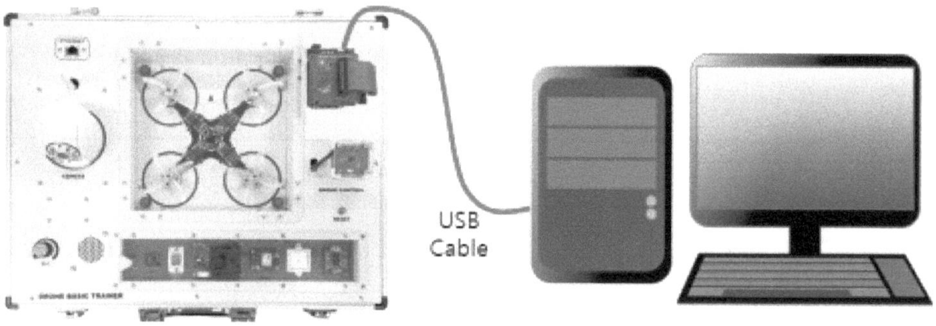

[그림 3-7] PC와 장비 연결

③ '툴'을 선택하여 아두이노 보드의 종류와 연결된 COM 포트를 각각 선택한다.

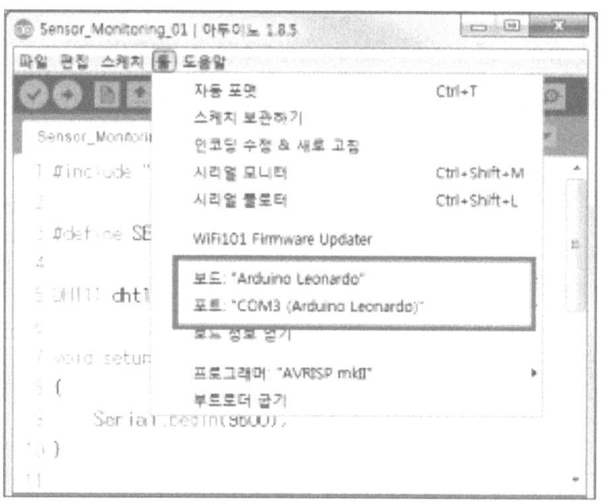

[그림 3-8] 컴포트 선택

④ 아두이노 프로그램에서 업로드(➔) 아이콘을 클릭하여 아두이노에 업로드한다.

⑤ 시리얼 모니터를 실행한다.

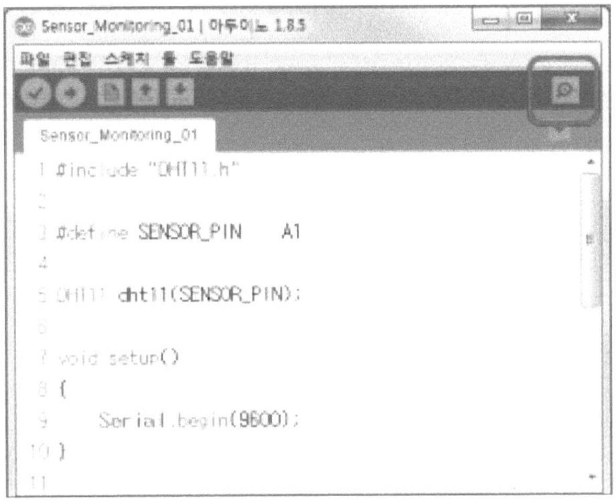

[그림 3-9] 시리얼 모니터 실행

3-2-4 결과 확인

시리얼 모니터로 온/습도 센서 값이 출력되는 것을 확인할 수 있다. 온/습도 센서 주변에 입김을 가하면 온도 값과 습도 값이 변경된다.

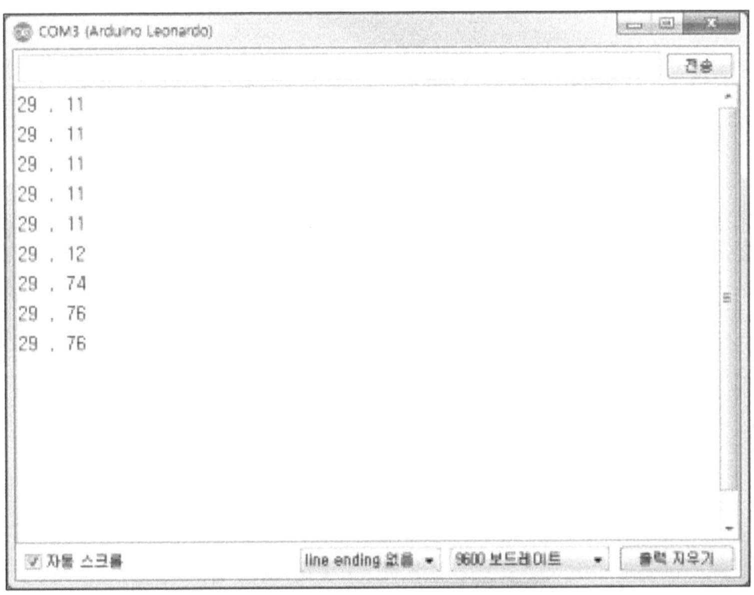

[그림 3-10] 센서 결과 값 출력

3-3 활동 과제

먼지 센서의 값을 측정하여 시리얼 모니터에 출력하는 펌웨어를 작성한다. 먼지가 많으면 센서 값이 올라가고, 먼지가 많지 않으면 값이 줄어든다.

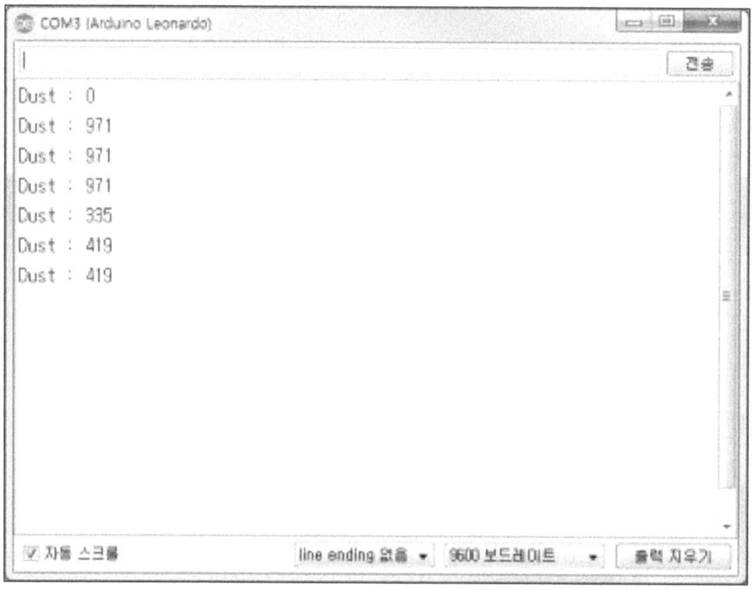

[그림 3-11] 센서 결과 값 출력

CH.4

가속도/자이로 센서 모니터링

이 장의 학습목표

▶ 드론에 장착된 가속도/자이로 센서의 데이터 값을 구할 수 있다.

▶ 가속도/자이로 센서 값을 시리얼 플로터를 통해 모니터링 할 수 있다.

4-1 준비하기

드론의 기울어진 방향과 정도, 회전 정도를 알아야 드론의 수평상태를 맞추거나 움직임을 제어할 수 있다. 이를 위해 가속도/자이로 센서 보드가 별도로 장착되어 있다. 가속도/자이로 센서를 통해 드론의 상태를 확인할 수 있다.

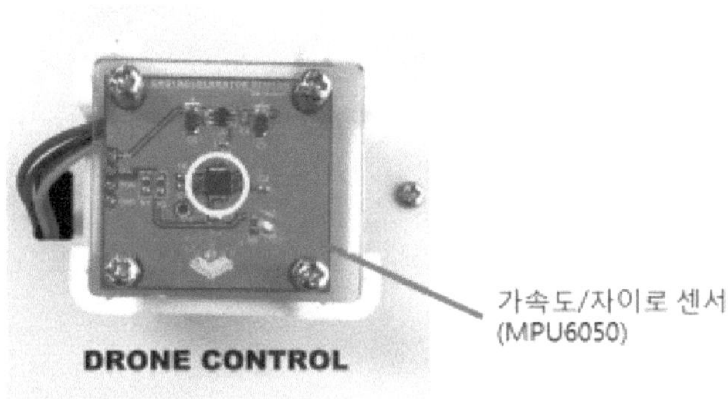

[그림 4-1] 센서 위치

4-1-1 Roll, Pitch, Yaw

드론에서 Roll, Pitch, Yaw는 아주 중요한 요소이다.

아래 그림처럼 항공기가 수평한 땅에 놓여있다고 생각하고 축을 설정한다. 항공기 머리부터 꼬리까지 잇는 종축(Longitudinal axis)을 X축, 오른 날개부터 왼 날개까지 잇는 횡축(Lateral axis)을 Y축, 항공기 중심부터 수평면까지 잇는 수직축(Vertical axis)을 Z축이라 설정한다.

이에 따라 Roll, Pitch, Yaw는 다음과 같이 정의할 수 있다.

- Roll은 X축(종축)을 중심으로 회전하는 것 즉, 비행체의 좌우 기울어짐의 정도
- Pitch는 Y축(횡축)을 중심으로 회전하는 것 즉, 비행체의 전후 기울어짐의 정도
- YAW는 Z축(수직축)을 중심으로 회전하는 것 즉, 비행체의 수평 회전 정도

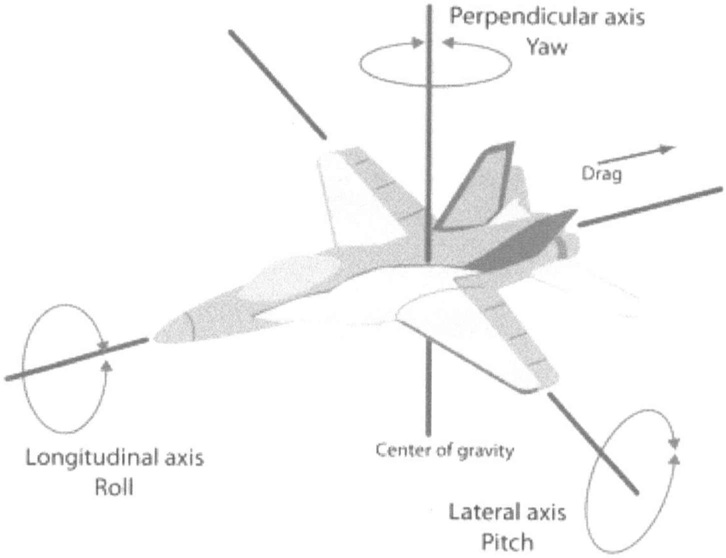

[그림 4-2] 항공기의 축

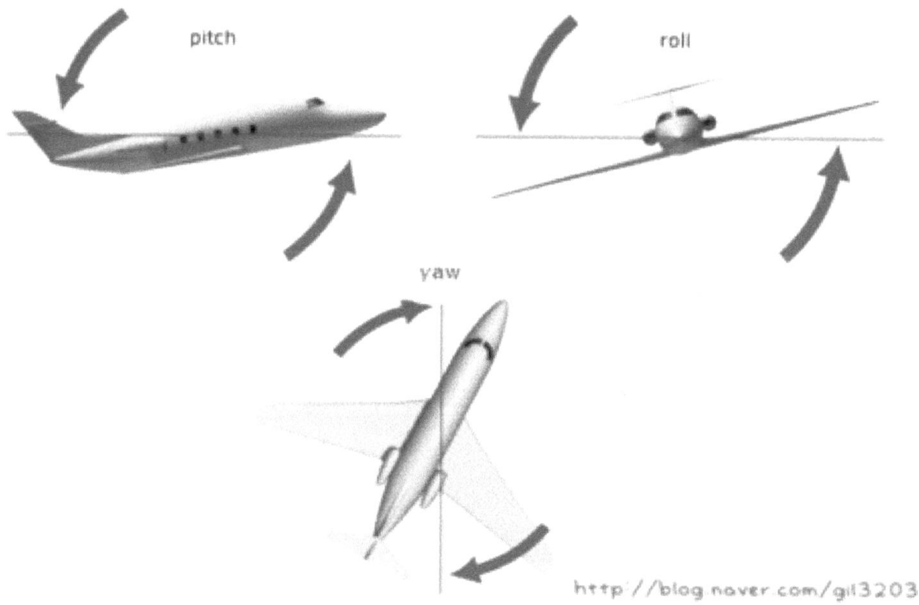

[그림 4-3] Roll/Pitch/Yaw 회전

위의 그림에서 알 수 있듯이 회전하는 축에 따라 Roll, Pitch, Yaw를 구분한다. 자동차 또한 Roll, Pitch, Yaw를 경험하지만 그 양은 상대적으로 적으며 일반적으로 선회, 가속 및 도로 조건에 반응하는 정지의 결과이다.

4-1-2 가속도 센서

가속도 센서는 가속도 값을 측정하는 센서이다.

가속도 센서는 고정되어 있기 때문에 센서에 작용하는 중력 가속도의 값들을 3축의 방향인 X, Y, Z축의 값들로 표현해 준다.

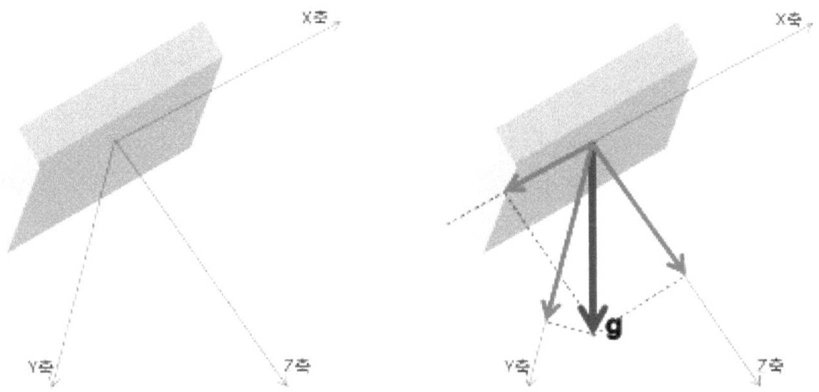

[그림 4-4] 가속도 센서 변화

드론에서 가속도 센서는 드론의 수평을 잡아주는 역할을 한다. 가속도 센서는 고정되어 있어 중력 가속도의 영향만 받는다고 했기 때문에 중력의 힘이 각각의 X, Y, Z축에 얼마나 작용하느냐를 통해 수평을 맞춘다.

예를 들어 드론이 3축 중 X축 방향으로 기울게 되면 X축에 작용하는 힘이 변하게 된다. 그러면 가만히 있는 Y축의 값은 변하지 않고 X축의 값만 변하게 된다. 이 변화하는 X축의 값을 통해 드론이 기울었는지 기울어지지 않았는지 알 수 있다. 이 원리를 통해 기울어진 쪽의 모터 회전수를 증가시켜 수평을 맞추는 것이다.

가속도 센서의 장점으로는 변화하는 값의 오차가 누적되지 않는다는 것이다. 하지만 가속도 센서에는 노이즈와 이동, 진동에 취약하다는 치명적인 단점이 있다. 드론이 작동 중일 때에는 항상 움직인다. 그러나 가속도 센서는 이동에 취약하다고 했으므로, 가속도 센서 하나만으로는 드론의 기울기를 정확하게 알 수 없다. 이처럼 가속도 센서의 단점을 보완하기 위하여 자이로 센서를 사용하는 것이다.

4-1-3 자이로 센서

자이로 센서는 각속도 값을 측정하는 센서이다. 다시 말해 센서를 중심으로 같은 시간에 얼마의 각도로 돌아갔는지를 측정한다. 그 각속도 값을 누적하면 물체가 X, Y, Z축 방향으로 얼마나 기울어져 있는지와 기울어진 쪽의 방향을 알 수 있다.

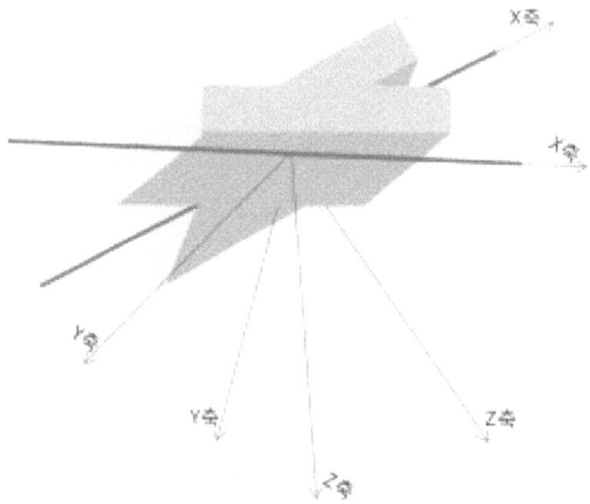

[그림 4-5] 자이로 센서 변화

드론에서는 위의 2가지 자이로 센서 정보를 가지고 적분하여 모터의 회전량을 알 수 있다. 그래서 자이로 센서의 장점으로는 Pitch, Roll 회전을 원하는 만큼 할 수 있다. 반면, 적분하는 과정에서 센서의 노이즈로 인하여 오차가 생기고 계속하여 누적된다. 이 현상을 드리프트라고 한다. 드리프트 현상이 지속되면 얼마나 기울어졌는지 정확한 값을 측정할 수 없다.

또한 자이로 센서는 초기 값을 잡아주지 않으면 정확하게 수평을 못 맞춘다. 그래서 자이로 센서는 초기 값과 오차 값이 일정하게 유지되는 가속도 센서와 함께 사용한다.

[자료 출처]

- https://m.blog.naver.com/dkwltmdgus/220429505827
- http://www.machinedesign.com/engineering-essentials
- http://happy8earth.tistory.com/492

4-1-4 회로도

가속도 센서와 자이로 센서는 MPU-6050의 I2C 통신을 이용하여 아두이노에서 값을 읽어와 처리한다. I2C 통신은 아두이노 보드의 D2와 D3 핀에 연결되어 있다.

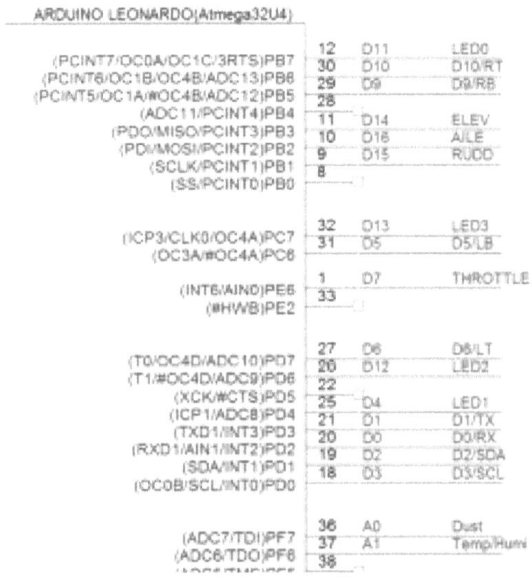

[그림 4-6] 아두이노 보드 회로도

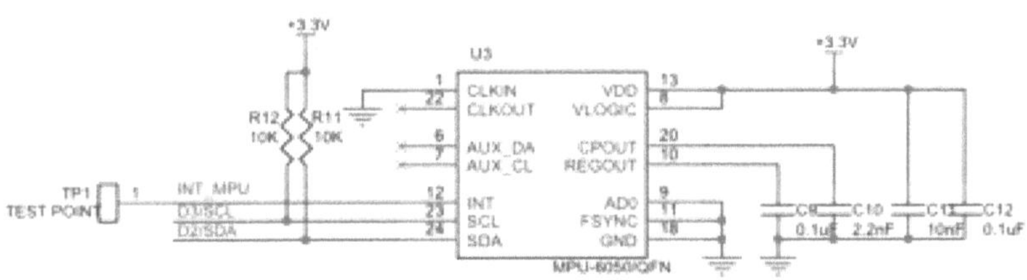

[그림 4-7] 가속도/자이로 센서 회로도

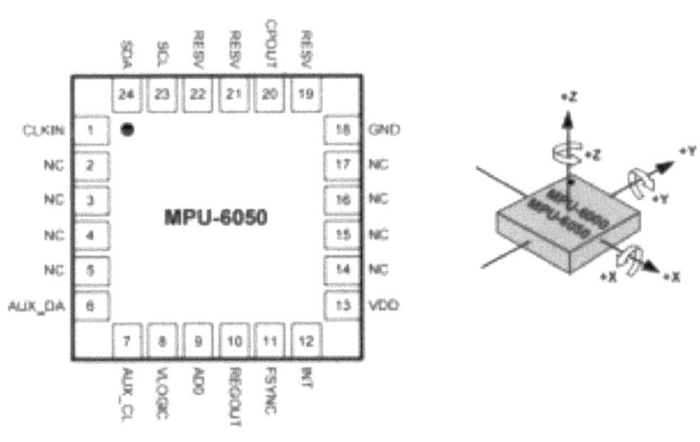

[그림 4-8] MPU-6050 센서

실제 아두이노 보드의 D2와 D3핀은 아래 그림과 같이 우측에 위치해 있으며, 핀 번호 앞의 알파벳 'D'는 Digital 핀을 의미한다.(드론 연결 보드에는 아두이노 보드와 동일하게 핀 번호 및 기능들이 인쇄되어 있다.)

[그림 4-9] 실제 아두이노 보드 연결 포트

4-1-5 라이브러리

본 실습에서 가속도/자이로 센서의 측정을 위하여 'DroneIMU' 라이브러리를 사용하며 주로 사용하는 함수의 내용은 아래와 같다.

- DroneIMU.initIMU()

  사용할 가속도/자이로 센서의 초기화가 이루어지는 함수이다.

- DroneIMU.computeIMU()

  가속도/자이로 센서의 각 축(X축, Y축, Z축)의 데이터를 읽어오는 함수이다.

- ACC_getADC()

  가속도 센서의 각 축(X축, Y축, Z축)의 Raw Data를 I2C 통신으로 읽어 배열에 순차적으로 저장하는 함수이다.

- ACC_Common()

  'ACC_getADC()' 내부에서 호출되는 함수로 가속도 센서의 Raw Data를 변환하여 Roll, Pitch, Yaw의 변수에 각각 저장한다.

- Gyro_getADC()

  자이로 센서의 각 축(X축, Y축, Z축)의 Raw Data를 I2C 통신으로 읽어 배열에 순차적으로 저장하는 함수이다.

- GYRO_Common()

  'ACC_getADC()' 내부에서 호출되는 함수로 자이로 센서의 Raw Data를 변환하여 Roll, Pitch, Yaw의 변수에 각각 저장한다.

4-2 실습하기

가속도 센서 값을 측정하여 시리얼 모니터(또는 시리얼 플로터)로 출력한다.

4-2-1 준비물

- DRONE BASIC TRAINER
- ARDUINO Sketch
- USB Cable

4-2-2 소스 코드

03_Sensor_Monitoring_02\Sensor_Monitoring_02_01\Sensor_Monitoring_02_01.ino

드론의 가속도/자이로 센서 값 측정을 위해 'DroneIMU' 라이브러리의 파일을 포함한다. 라이브러리에서 센서의 초기화와 각 축(X, Y, Z)의 데이터를 받아 프로그램에 보내주는 함수의 내용이 작성되어 있다.

```
#include <DroneIMU.h>
```

센서 값을 읽어오는 루프 타입을 2800으로 설정하고, 시간계산을 위해 사용하는 변수(현재 시간, 이전 시간, 프로그램 동작 시간)들을 초기화시킨다.

```
#define LOOP_TIME 2800      //센서를 읽는 루프타임(usec 단위)

uint32_t currentTime = 0;
uint16_t previousTime = 0;
uint16_t cycleTime = 0;    // this is the number in micro second to achieve a full loop,
                            // it can differ a little and is taken into account in the PID loop
```

'setup()' 함수이다.

- 'Serial.begin()' 함수로 가속도/자이로 센서 값 모니터링을 위해 시리얼 모니터를 초기화한다.
- 'DroneIMU.initIMU()' 함수를 사용하여 가속도/자이로 센서와의 통신을 초기화한다.(함수에 대한 설명은 교재 마지막장 부록에서 'DroneIMU 라이브러리'에 자세히 설명되어 있다.)

```
void setup()
{
  Serial.begin(9600);

  DroneIMU.initIMU();        //IMU와의 통신 초기화
```

- 'micros()' 함수는 아두이노 보드가 현재의 프로그램을 시작한 이후 경과한 시간을 micro seconds 단위로 반환하는 함수이며 16MHz 클럭을 사용하고 있으므로 4us의 분해능을 갖는다.

```
  previousTime = micros();
}
```

'loop()' 함수이다.

- 'currentTime'에 'micros()'를 선언한다.
- 저장된 현재 시간과 'previousTime'의 이전 시간 값의 차를 계산한 후 'cycleTime'에 저장한다.
- if 문을 사용하여 'cycleTime'이 'LOOP_TIME'보다 같거나 크면 break에 의하여 while()문을 강제로 빠져 나온다. 'LOOP_TIME'은 위에서 2800으로 정의되어 있다.
- 현재의 시간을 다시 'previousTime'에 저장시킨다,
- 'DroneIMU.computeIMU()' 함수로 가속도 센서 값과 자이로 센서 값을 읽어온다.(함수에 대한 설명은 교재 마지막장 부록에서 'DroneIMU 라이브러리'에 자세히 설명되어 있다.)

```
void loop()
{
  while (1)
  {
    currentTime = micros();
    cycleTime = currentTime - previousTime;
    if (cycleTime >= LOOP_TIME) break;
  }

  previousTime = currentTime;

  DroneIMU.computeIMU();      //가속도/자이로 센서의 값을 받아온다.
```

'Serial.print()' 함수를 이용하여 가속도 센서의 ROLL, PITCH, YAW 값을 시리얼 모니터 또는 시리얼 플로터에 각각 출력한다.

```
  static uint16_t cycleCount;

  if (++cycleCount >= 4)
  {
    cycleCount = 0;

    // 가속도 Roll
    Serial.print( DroneIMU.imu.accSmooth[ROLL] );
    Serial.print(", ");

    // 가속도 Pitch
    Serial.print( DroneIMU.imu.accSmooth[PITCH] );
    Serial.print(", ");

    // 가속도 Yaw
    Serial.print( DroneIMU.imu.accSmooth[YAW] );
    Serial.println();
    delay(100);
  }
}
```

4-2-3 컴파일 및 업로드

① 아두이노 프로그램에서 확인( ) 아이콘을 클릭하여 컴파일이 수행되는 것이 하단의 Build 창에 보이는 것을 확인할 수 있다.

② 장비와 같이 제공되는 USB Cable을 이용하여 아두이노에 업로드 한다. 아래와 같이 장비와 USB Cable을 연결한다.

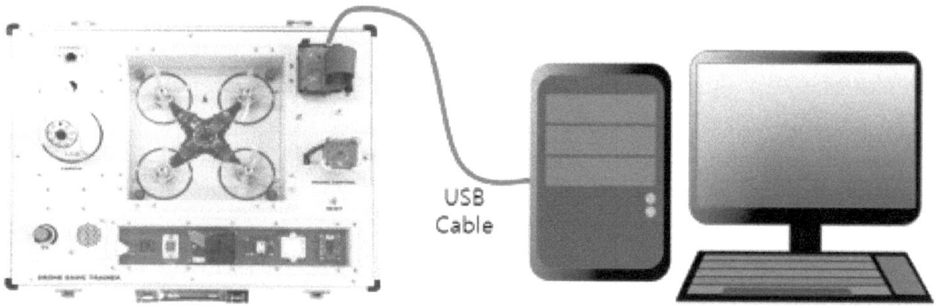

[그림 4-10] PC와 장비 연결

③ '툴'을 선택하여 아두이노 보드의 종류와 연결된 COM 포트를 각각 선택한다.

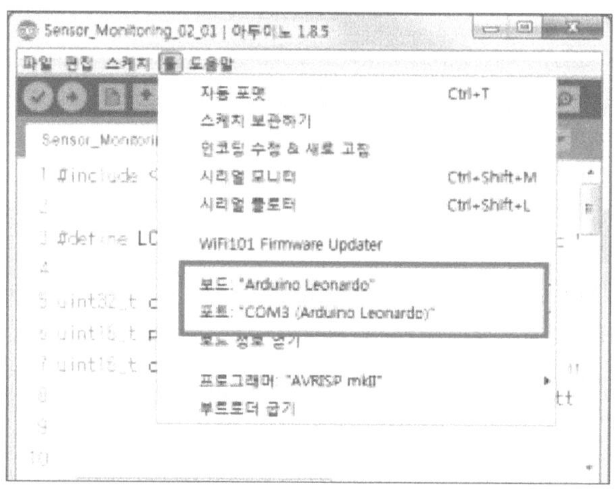

[그림 4-11] 컴포트 선택

④ 아두이노 프로그램에서 업로드( ) 아이콘을 클릭하여 아두이노에 업로드한다.

⑤ 시리얼 모니터 또는 시리얼 플로터를 실행한다.

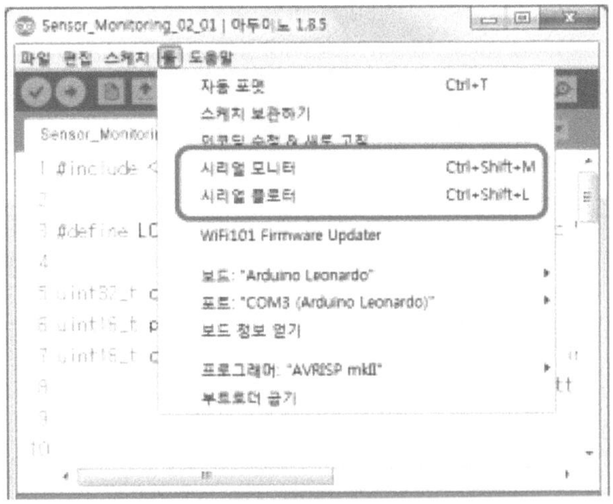

[그림 4-12] 시리얼 플로터 실행

4-2-4 결과 확인

가속도 자이로 센서는 드론의 가속도/자이로 센서 보드에 부착되어 있으므로, 보드를 좌/우/위/아래로 움직인다.

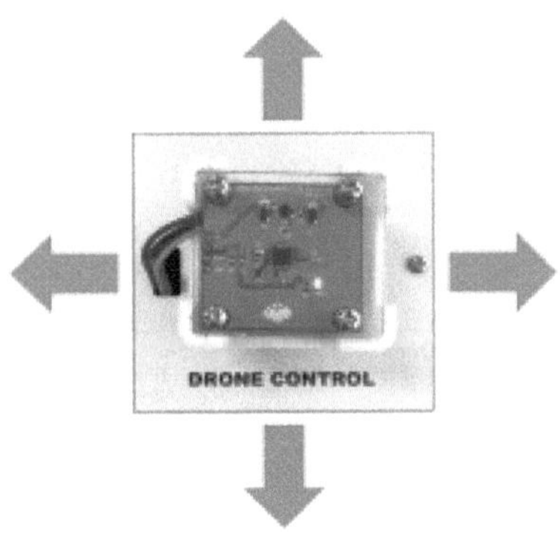

[그림 4-13] 센서 보드 제어

시리얼 모니터 또는 시리얼 플로터로 가속도 센서 값이 출력되는 것을 확인할 수 있다.

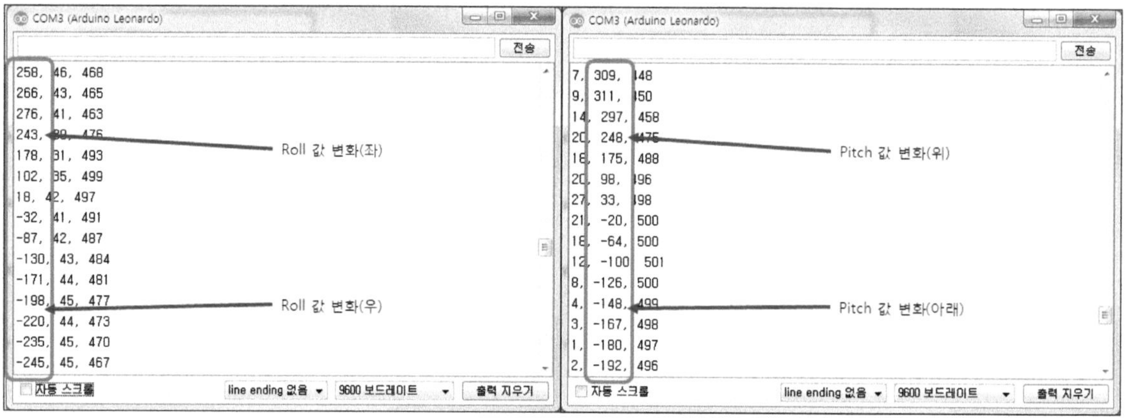

[그림 4-14] 센서 결과 값 출력(시리얼 모니터)

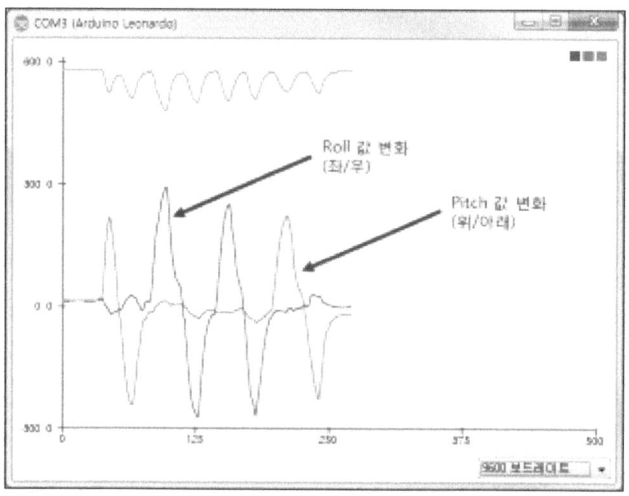

[그림 4-15] 센서 결과 값 출력(시리얼 플로터)

4-3 활동 과제

자이로 센서 값을 측정하여 시리얼 모니터 또는 시리얼 플로터로 출력하는 펌웨어를 작성한다.

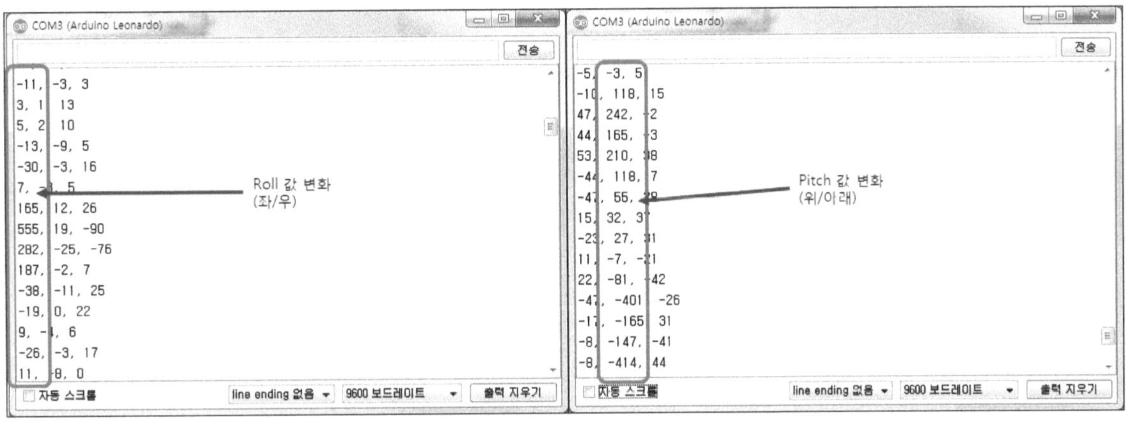

[그림 4-16] 센서 결과 값 출력(시리얼 모니터)

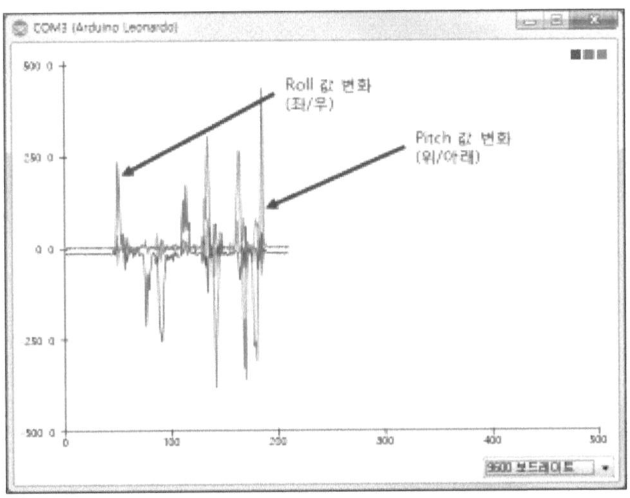

[그림 4-17] 센서 결과 값 출력(시리얼 플로터)

CH.5

가속도/자이로 센서 필터링

이 장의 학습목표

▶ 드론에 장착된 가속도/자이로 센서의 데이터 값을 필터링 처리하여 얻을 수 있다.

▶ 가속도/자이로 센서 값의 필터링 전/후를 시리얼 플로터를 통해 모니터링 할 수 있다.

5-1 준비하기

드론의 기울어진 방향과 정도, 회전 정도를 알아야 드론의 수평상태를 맞추거나 움직임을 제어할 수 있다. 이를 위해 가속도/자이로 센서 보드가 별도로 장착되어 있다. 가속도/자이로 센서를 통해 드론의 상태를 확인할 수 있다.

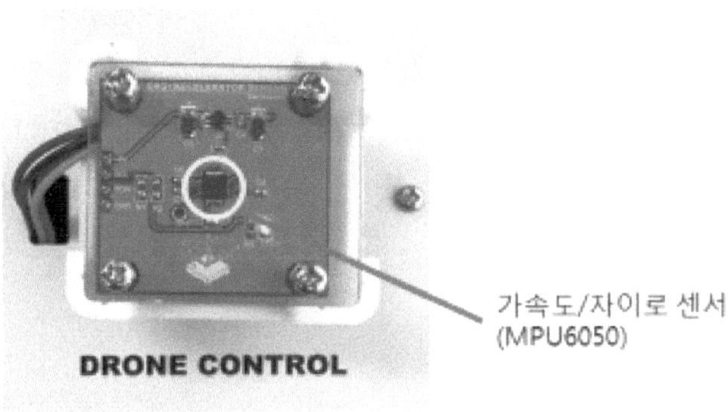

[그림 5-1] 센서 위치

5-1-1 필터링

필터링이란 여러 가지 다양한 정의가 존재하지만 신호 중에서 원하는 정보를 뽑아내는 것을 말한다.

필터로 할 수 있는 작업은 크게 3가지로 나누어진다.

(1) Smoothing

측정된 데이터를 이용하여 현재의 출력 값을 결정하는 방법이다. 다양한 스무딩 방법이 있지만 그 중 Adjacent averaging method와 Savitzky-Golay method가 대표적이다.

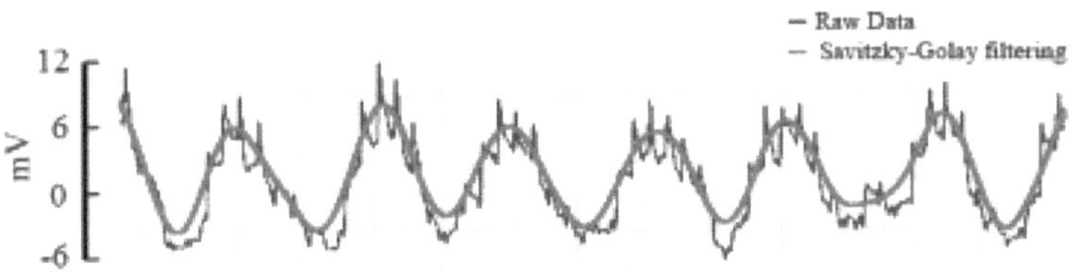

[그림 5-2] 필터링 데이터

(2) Prediction

Forward prediction과 Backward prediction 두 가지로 나눌 수 있다. Forward prediction은 과거의 정보로 미래에 일어날 일을 예측하는 것이며, 그 반대가 Backward prediction이다.

(3) Linear filtering

① Wiener filter : Linear optimum system 설계시 주로 이용한다. 영상처리나 뇌파 분야를 다루는 분야에서는 이 필터를 많이 사용한다. 이 필터는 신호의 통계적인 특성들을 알고 있을 때 사용할 수 있다. Mean square 기반으로 target 신호와 내가 만든 모델 신호 간의 error를 최소화하려는 시도라 할 수 있다. 단점으로는 Non-stationary signal에 적용하기에 부적절하다.

② Kalman filter : 가속도 센서와 자이로 센서의 출력을 융합하는데 주로 쓰인다. signal의 trend를 잘 따라갈 수 있게 해주는 filter이다. 추정 값을 쓸 수 있는 모델링된 식이지만 reference signal이 꼭 있어야 한다.

5-1-2 회로도

가속도 센서와 자이로 센서는 MPU-6050의 I2C 통신을 이용하여 아두이노에서 값을 읽어와 처리한다. I2C 통신은 아두이노 보드의 D2와 D3 핀에 연결되어 있다.

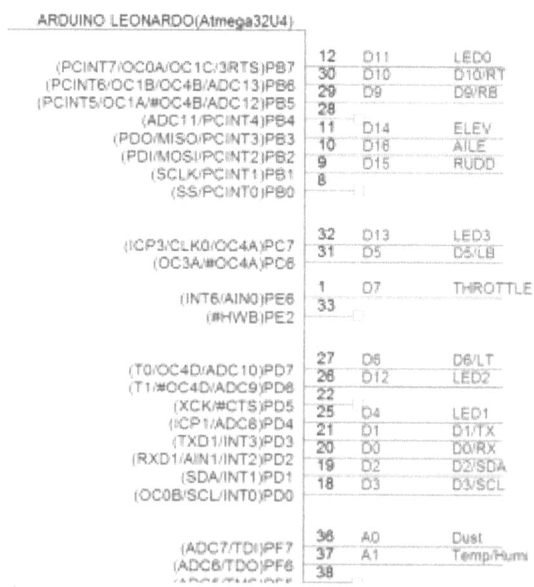

[그림 5-3] 아두이노 보드 회로도

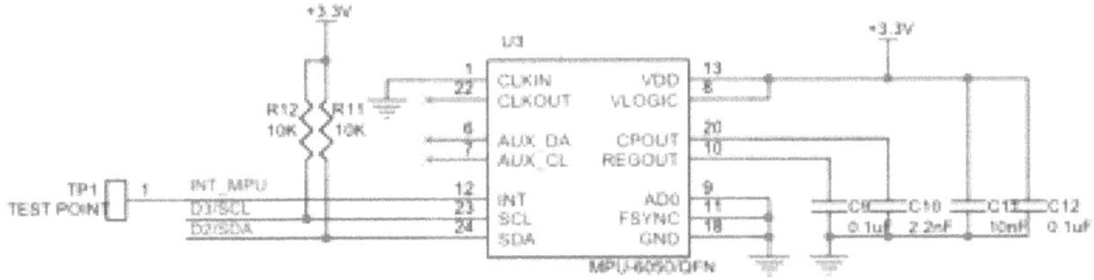

[그림 5-4] 가속도/자이로 센서 회로도

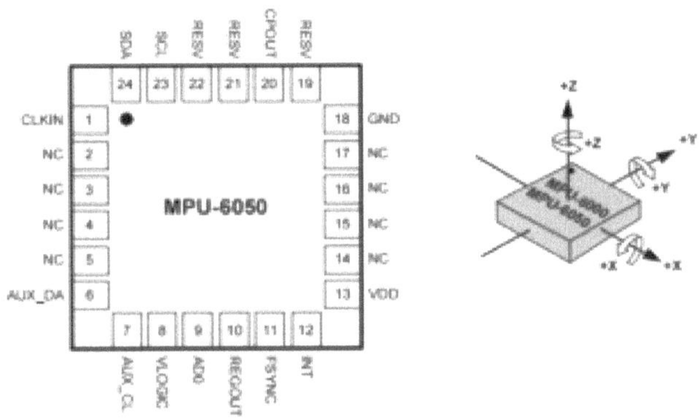

[그림 5-5] MPU-6050 센서

실제 아두이노 보드의 D2와 D3핀은 아래 그림과 같이 우측에 위치해 있으며, 핀 번호 앞의 알파벳 'D'는 Digital 핀을 의미한다.(드론 연결 보드에는 아두이노 보드와 동일하게 핀 번호 및 기능들이 인쇄되어 있다.)

[그림 5-6] 실제 아두이노 보드 연결 포트

5-2 실습하기

가속도/자이로 센서의 Roll 값을 필터링하여 시리얼 플로터로 출력한다.

5-2-1 준비물

- DRONE BASIC TRAINER
- ARDUINO Sketch
- USB Cable

5-2-2 소스 코드

```
04_Sensor_Filtering\Sensor_Filtering_01\Sensor_Filtering_01.ino
```

드론의 가속도/자이로 센서 값 측정을 위해 'DroneIMU' 라이브러리의 파일을 포함한다. 라이브러리에서 센서의 초기화와 각 축(X, Y, Z)의 데이터를 받아 프로그램에 보내주는 함수의 내용이 작성되어 있다.

```
#include <DroneIMU.h>
```

센서 값을 읽어오는 루프 타입을 2800으로 설정하고, 시간계산을 위해 사용하는 변수들을 초기화 시킨다.

```
#define LOOP_TIME 2800        //센서를 읽는 루프타임(usec 단위)

uint32_t currentTime = 0;
uint16_t previousTime = 0;
uint16_t cycleTime = 0;       // this is the number in micro second to achieve a full loop,
                              // it can differ a little and is taken into account in the PID loop
```

'setup()' 함수이다.

- 'Serial.begin()' 함수로 가속도/자이로 센서 값 모니터링을 위해 시리얼 모니터를 초기화한다.
- 'DroneIMU.initIMU()' 함수를 사용하여 가속도/자이로 센서와의 통신을 초기화한다.(함수에 대한 설명은 교재 마지막장 부록에서 'DroneIMU 라이브러리'에 자세히 설명되어 있다.)

```
void setup()
{
  Serial.begin(9600);

  DroneIMU.initIMU();        //IMU와의 통신 초기화
}
```

'loop()' 함수이다.

- 'currentTime'에 'micros()'를 선언한다.
- 저장된 현재 시간과 'previousTime'의 이전 시간 값의 차를 계산한 후 'cycleTime'에 저장한다.
- if 문을 사용하여 'cycleTime'이 'LOOP_TIME'보다 같거나 크면 break에 의하여 while()문을 강제로 빠져 나온다. 'LOOP_TIME'은 위에서 2800으로 정의되어 있다.
- 현재의 시간을 다시 'previousTime'에 저장시킨다,
- 'DroneIMU.computeIMU()' 함수로 가속도 센서 값과 자이로 센서 값을 읽어온다.

```
void loop()
{
  while (1)
  {
    currentTime = micros();
    cycleTime = currentTime - previousTime;
    if (cycleTime >= LOOP_TIME) break;
  }
  previousTime = currentTime;

  DroneIMU.computeIMU();      //가속도/자이로 센서의 값을 받아온다.
```

'Serial.print()' 함수를 이용하여 가속도 센서의 Roll, 자이로 센서의 Roll, 가속도/자이로 값을 필터링한 Roll값을 시리얼 플로터에 각각 출력한다.

```
  static uint16_t cycleCount;

  if (++cycleCount >= 10)
  {
    cycleCount = 0;
    // 가속도 Roll
    Serial.print( DroneIMU.imu.accSmooth[ROLL] );
    Serial.print(", ");

    // 자이로 Roll
    Serial.print( DroneIMU.imu.gyroData[ROLL] );
    Serial.print(", ");

    // 가속도/자이로 Roll
    Serial.print((float)DroneIMU.att.angle[ROLL]/10 );
    Serial.println();
    delay(100);
  }
}
```

5-2-3 컴파일 및 업로드

① 아두이노 프로그램에서 확인() 아이콘을 클릭하여 컴파일이 수행되는 것이 하단의 Build 창에 보이는 것을 확인할 수 있다.

② 장비와 같이 제공되는 USB Cable을 이용하여 아두이노에 업로드 한다. 아래와 같이 장비와 USB Cable을 연결한다.

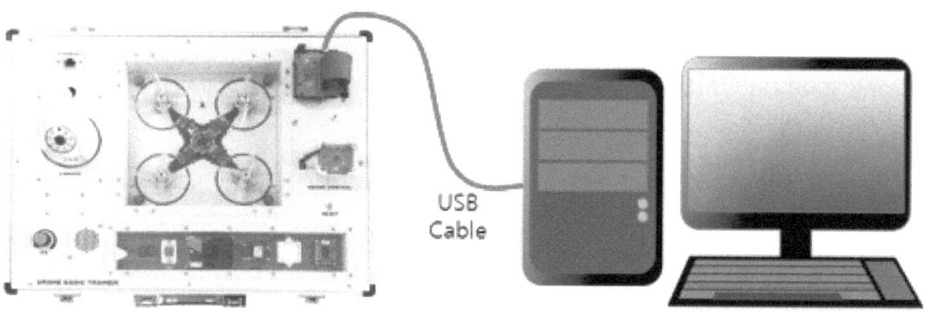

[그림 5-7] PC와 장비 연결

③ '툴'을 선택하여 아두이노 보드의 종류와 연결된 COM 포트를 각각 선택한다.

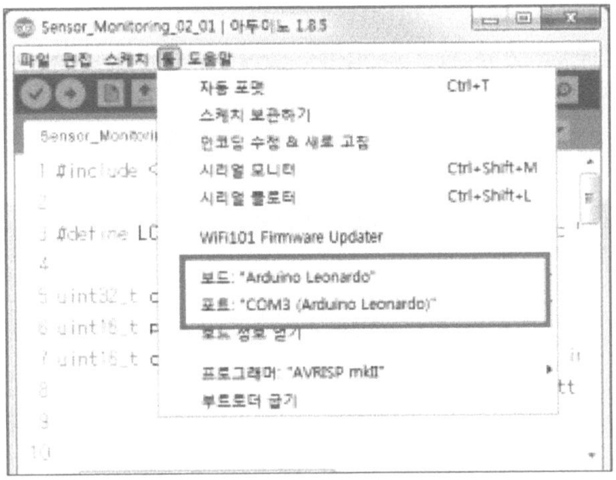

[그림 5-8] 컴포트 선택

④ 아두이노 프로그램에서 업로드( ) 아이콘을 클릭하여 아두이노에 업로드한다.

⑤ 시리얼 모니터 또는 시리얼 플로터를 실행한다.

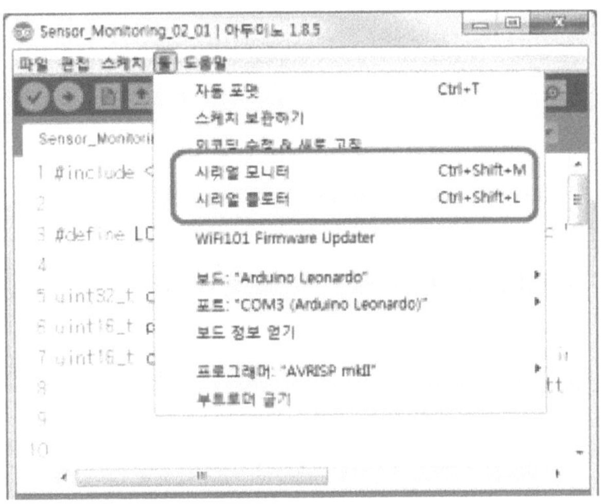

[그림 5-9] 시리얼 플로터 실행

5-2-4 결과 확인

가속도 자이로 센서는 드론의 가속도/자이로 센서 보드에 부착되어 있으므로, 보드를 좌/우로 움직인다.

[그림 5-10] 센서 보드 제어

시리얼 플로터에 가속도 Roll, 자이로 Roll, 필터링한 Roll 값이 출력되는 것을 확인할 수 있다.

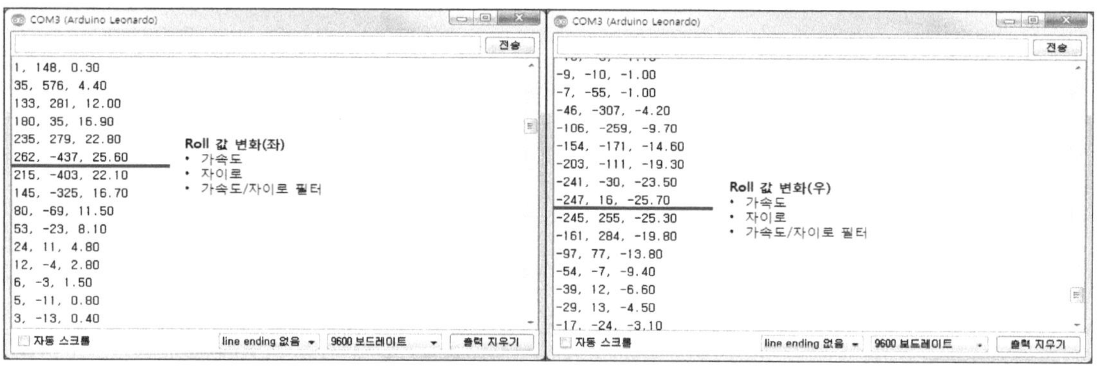

[그림 5-11] 센서 결과 값 출력(시리얼 모니터)

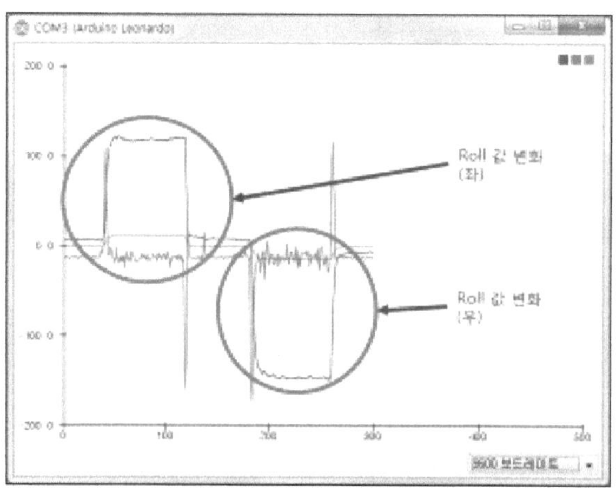

[그림 5-12] 센서 결과 값 출력(시리얼 플로터)

5-3 활동 과제

가속도/자이로 센서의 Pitch 값을 필터링하여 시리얼 모니터 또는 시리얼 플로터로 출력하는 펌웨어를 작성한다.

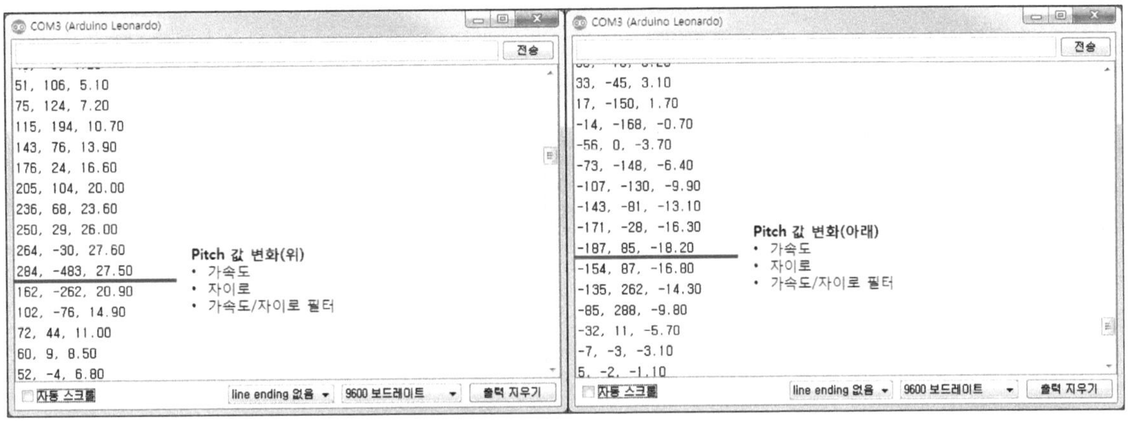

[그림 5-13] 센서 결과 값 출력(시리얼 모니터)

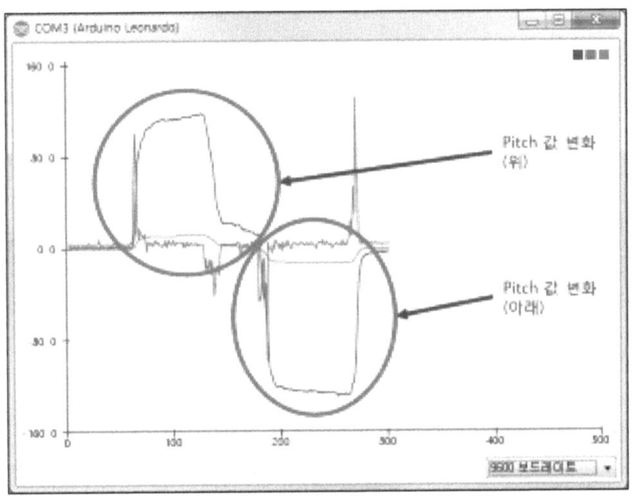

[그림 5-14] 센서 결과 값 출력(시리얼 플로터)

CH.6

BLDC 모터의 PWM 제어

이 장의 학습목표

▶ 드론의 BLDC모터를 PWM 방식으로 제어한다.

▶ 전자변속기 ESC를 이용하여 4개의 모터를 제어할 수 있다.

6-1 준비하기

드론의 모터는 장비 중앙에 위치하고 있다.

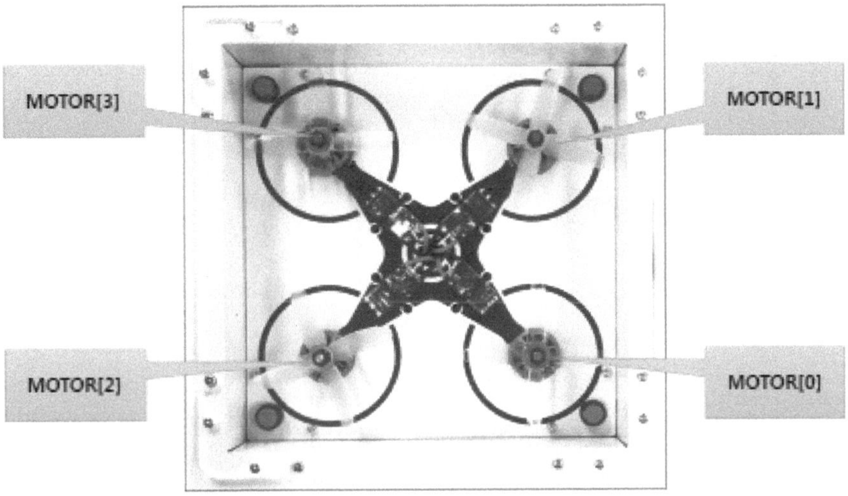

[그림 6-1] 모터 위치

6-1-1 BLDC 모터의 구조 (BRUSHLESS MOTOR)

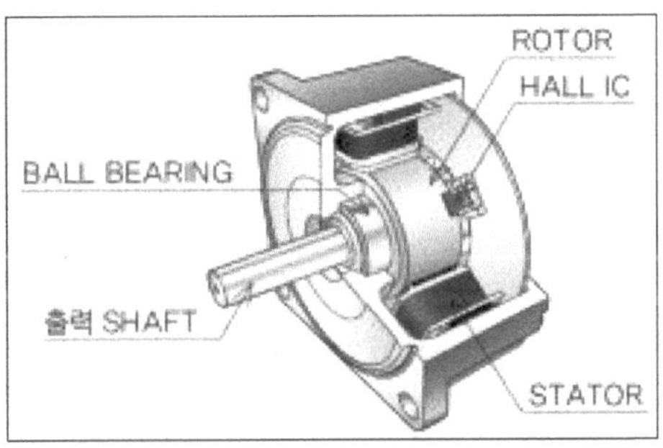

[그림 6-2] 모터 구조

BLDC 모터 구조는 로터의 위치검출용 자기소자 또는 광학식 엔코더가 모터에 내장되어 있다. 이 위치검출기에서 구동회로로 신호를 보낸다. 모터 권선은 3상 스타(STAR)결선입니다. 로터(ROTOR, 회전자)는 영구자석을 사용한다.

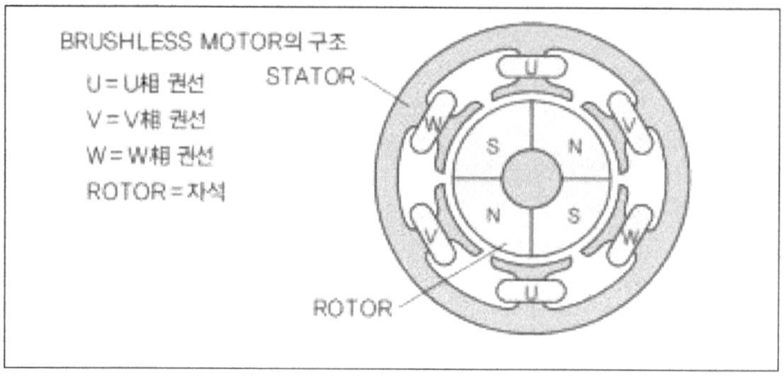

[그림 6-3] 모터 단면도

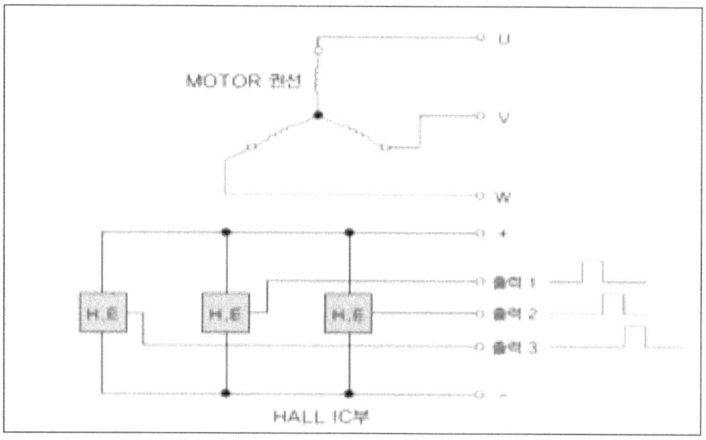

[그림 6-4] BLDC 모터 신호 출력

검출용 자기 소자에는 홀 IC(Hall IC)가 사용된다. 스테이터(STATOR, 고정자) 안쪽에 3개 배치되어 있으며, 로터가 회전될 때마다 홀 IC에서 디지털 신호가 출력된다.

6-1-2 BLDC 모터의 구동방법

모터 권선에는 스위칭(SWITCHING)용 트랜지스터가 접속되어 있으며, 트랜지스터는 6개로 인버터를 구성하고 있다. 상하 트랜지스터가 교대로 ON-OFF를 일정한 순서로 반복하며, 권선 전류의 방향을 바꿔준다. 회전하는 구조를 아래에서 설명한다.

아래 그림의 트랜지스터 스위칭 시퀀스 (TRANSISTOR SWITCHING SEQUENCE)에서 스텝 ①의 경우, 트랜지스터는 Tr1과 Tr6이 ON 상태로 되어 있다. 이 때 권선전류는 U상에서 W상으로 흐르며, U상은 N극으로 W상은 S극으로 여자된다. 이에 따라 로터는 30˚ 회전한다. 이 동작을 12번 반복하면서 로터는 회전한다.

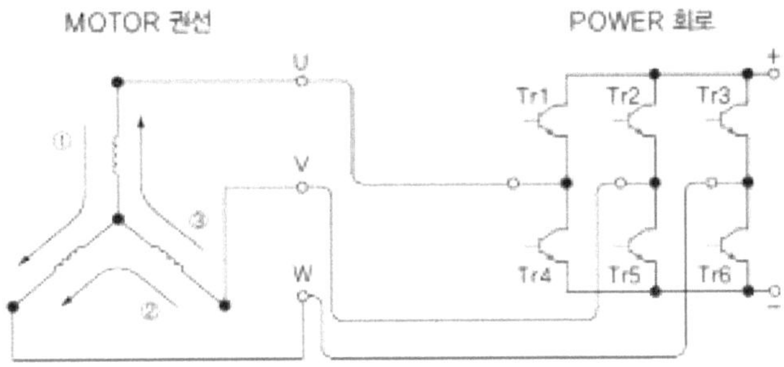

[그림 6-5] BLDC 모터 구동방법

TRANSISTOR \ STEP	①	②	③	④	⑤	⑥	⑦	⑧	⑨	⑩	⑪	⑫	⑬
Tr1	ON					ON	ON					ON	ON
Tr2		ON	ON					ON	ON				
Tr3				ON	ON					ON	ON		
Tr4			ON	ON					ON	ON			
Tr5					ON	ON					ON	ON	
Tr6	ON	ON					ON	ON					ON
U相	N	-	S	S	-	N	N	-	S	S	-	N	N
V相	-	N	N	-	S	S	-	N	N	-	S	S	-
W相	S	S	-	N	N	-	S	S	-	N	N	-	S

[그림 6-6] 각 트랜지스터의 스위칭 시퀀스

6-1-3 BLDC 모터의 제어방법

BLDC 모터의 구동회로는 그림과 같은 구성으로 모터와 접속되어 있으며, 크게 5개의 블록으로 구성되어 있다.

- 파워 회로
- 전류제어 회로
- 로직(LOGIC) 회로
- 설정 비교 회로
- 전원회로

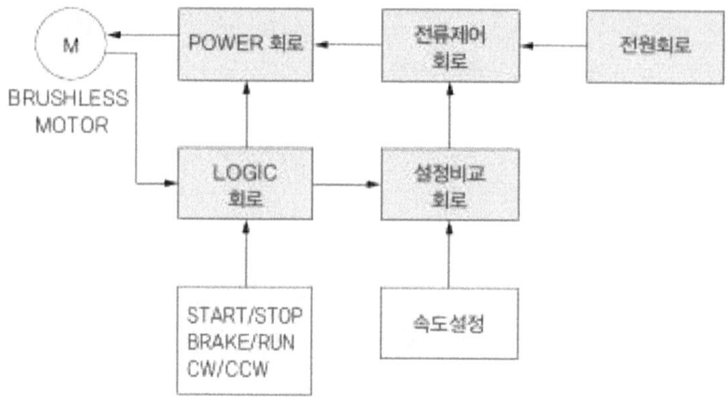

[그림 6-7] BLDC 모터 제어 방법

(1) 파워 회로

모터 권선에 흐르는 전류를 제어한다. 트랜지스터를 6개 사용한다. 상하로 접속된 트랜지스터가 일정한 순서로 ON-OFF를 반복하며 모터 권선에 전류를 흐르게 한다.

(2) 전류제어 회로

모터에 흐르는 전류는 부하의 크기에 따라 달라진다. 모터에 흐르는 전류는 상시 검출되어, 설정된 회전속도에서 오차가 발생하지 않도록 제어된다.

(3) 로직회로

모터의 HALL IC로부터 피드백 신호를 받아 로터의 위치를 검출하고, 모터의 여자 순서를 결정한다. 여기에서의 신호는 파워 회로의 각 트랜지스터의 BASE로 접속되어 트랜지스터를 일정한 순서로 구동한다. 모터의 회전속도를 검출하는 역할도 맡고 있다.

모터로의 지령, START/STOP, BRAKE/RUN, CW/CCW 제어도 실행한다.

(4) 설정 비교 회로

속도설정신호와 모터의 회전속도 신호를 비교한다. 이 결과로 모터의 회전속도가 설정보다 높으면 모터로의 입력을 낮추며, 낮으면 모터로의 입력을 올려 설정 회전속도로 되돌린다.

(5) 전원회로

상용전원으로 모터와 각 제어회로를 구동하기 위해 필요한 전압으로 한다.

6-1-4 PWM이란

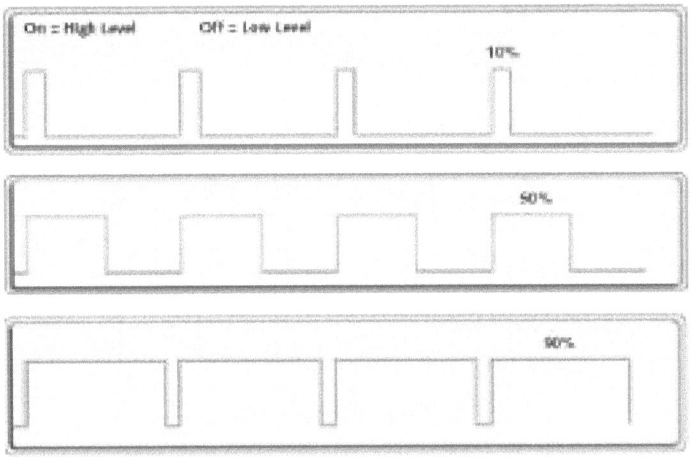

[그림 6-8] PWM 그래프

PWM이란 Pulse Width Modulation을 뜻한다.

ON 시간과 OFF 시간을 조절하여 제어하는 방법으로 모터 속도 제어, LED 밝기 제어, 인버터 제어 등에 사용된다.

ON 시간에 따라 평균 전압이 달라지는 것을 이용하는 방법이다. 예를 들어, 최대 전압이 10V일 때, 펄스를 50%씩 ON/OFF를 교대로 하면 전압의 최대/최소는 10V에서 왔다 갔다 하지만 평균 전압은 5V가 나온다.

DC 모터의 경우 전압에 따라서 속도(RPM)가 변하는데, 전압이 올라갈수록 RPM이 올라간다. 그러므로 PWM으로 전압을 조절하여 모터의 속도를 조절할 수 있다.

6-1-5 PWM의 장점

- 디지털 시스템에서 구현이 쉽다.
- 전력 손실이 적다.
- 노이즈에 강하다.
- 대전류 구동에 적합하다.

6-1-6 PWM의 생성 원리

(1) 비대칭형 PWM (Asymmetric)

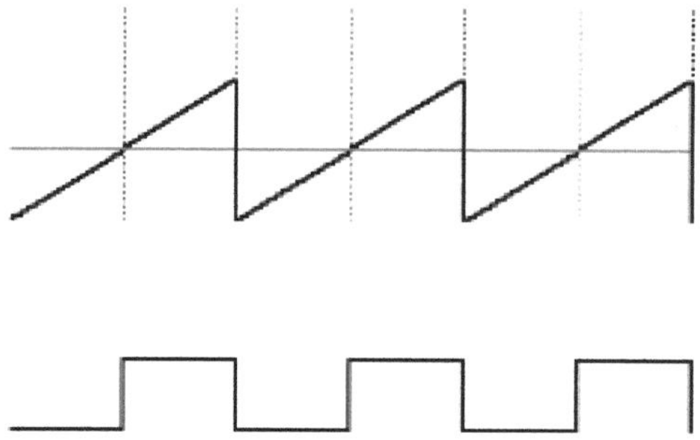

[그림 6-9] 비대칭향 PWM

위의 그림은 기본적으로 타이머가 Up-count mode일 때를 나타낸 것이다. 타이머는 연결된 clock signal에 따라서 증가를 하고 주기 레지스터의 값에 도달하면 다시 0으로 clear가 된다. 0에서 시작해서 다시 0으로 클리어가 될 때 까지를 1주기라고 하며 위의 그림에서의 빨간 줄이 PWM의 duty를 결정하는 비교 레지스터이다. 타이머 값이 이 비교 레지스터의 값과 일치하면 PWM 값을 set 또는 clear를 하게 되는데 이는 동작 모드에 따라 조절이 가능하며 위 PWM 신호를 inverting하여 신호를 보낼 수도 있다.

이러한 비 대치형 PWM에는 단점이 존재하는데, 이는 타이머가 0으로 clear되는 순간 PWM 신호도 falling 한다는 것이다. 이는 같은 주기를 가지는 PWM 신호가 외부 스위치를 조작할 때 타이머가 clear 되는 시점이 같으므로 외부 스위치의 스위칭 다이밍이 같아지게 되며 아날로그 회로에 대한 스위칭 노이즈의 영향이 증대되는 문제가 발생한다.

(2) 대칭형 PWM (Symmetric)

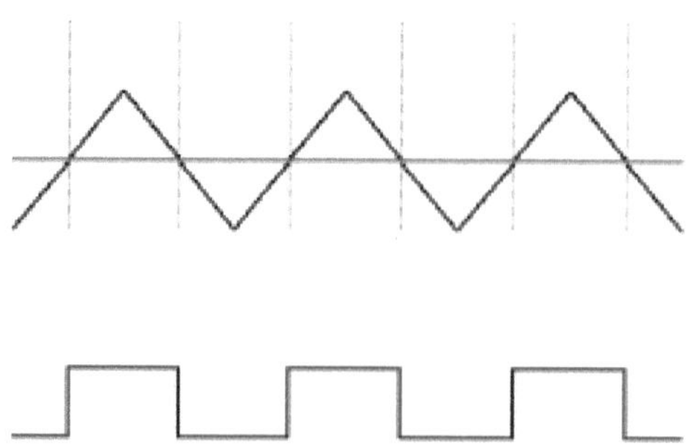

[그림 6-10] 대칭형 PWM

대칭형 PWM의 경우는 일반적으로 위의 그림과 같은 모양을 나타낸다. 이 경우 PWM의 주기는 타이머가 주기 레지스터와 같은 값이 되도록 up-count 했다가 다시 down-count 해서 0이 되는 순간이 주기이므로 비 대칭형일 때의 2배이고 듀티비는 역시 비교 레지스터의 값과 같아지는 시점으로 듀티를 잡는다. 타이머가 up-count나 down-count에서 비교 레지스터의 값이 될 때 PWM 신호가 set이나 clear가 되는 지는 설정에 따라 조절할 수 있으며, 이 경우는 PWM의 rising time이나 falling time이 다르기 때문에 외부 스위치가 여러 개 연결되어 있다고 하더라고 스위칭 타이밍을 다양하게 운용할 수 있다. 그리고 비교 레지스터를 운용하면 PWM이 set되는 타이밍이나 clear되는 타이밍을 독립적으로 조절할 수 있다.

[자료 출처]

- Brian 블로그 (http://egloos.zum.com/circle5940/v/45289)
- Oriental Motor 블로그 (http://inaom.tistory.com/)

6-1-7 모터 회로도

BLDC 모터 제어 회로이다. BLDC 모터 전자변속기를 PWM 방식으로 제어하여 모터를 동작시킨다.

아두이노 보드의 D9, D10, D5, D6에 전자변속기(ESC)가 연결되어 PWM에 변화를 주면 모터의 스피드도 변화한다.

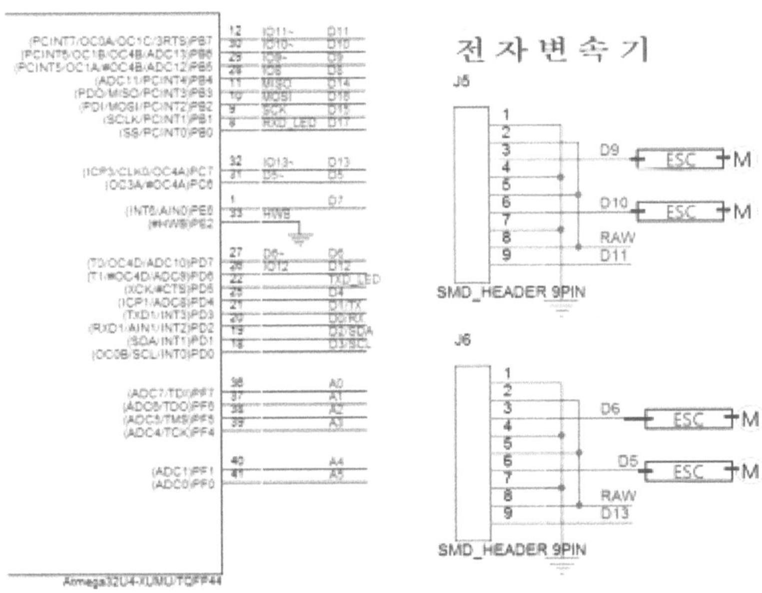

[그림 6-11] 모터 제어 회로

- PWM 프로토콜 = OneShot125
- PWM 출력 주기 = 500 usec (2kHz)
- PWM 출력 최대 = 250 usec = 100% power
- PWM 출력 최소 = 125 usec = 0% power

마이크로프로세서의 출력에 TR을 이용하여 인버터되어 출력되므로 프로그램 작업시 유의하여야 한다.

실제 아두이노 보드의 D5~D6과 D9~D10핀은 아래 그림과 같이 우측에 위치해 있으며, 핀 번호 앞의 알파벳 'D'는 Digital 핀을 의미한다.(드론 연결 보드에는 아두이노 보드와 동일하게 핀 번호 및 기능들이 인쇄되어 있다.)

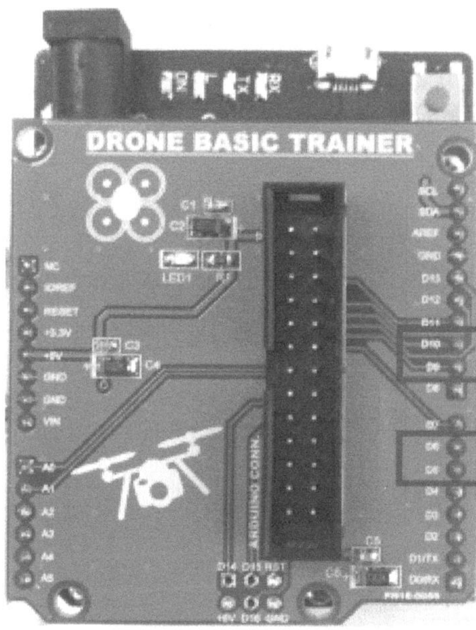

[그림 6-12] 실제 아두이노 보드 연결 포트

6-1-8 라이브러리

본 실습에서는 BLDC 모터의 사용을 위하여 'DroneMotorControl' 라이브러리를 사용하며, 자주 사용하는 함수의 내용은 다음과 같다.

- DroneMotorControl.initMotors()

  모터를 초기화하는 함수이다. 모터에 연결되어 있는 핀을 출력으로 설정하고, ESC를 캘리브레이션 한다.

- DroneMotorControl.writeAllMotors()

  연결되어 있는 전체 모터에 제어 명령을 부여하는 함수이다. 라이브러리에 선언되어 있는 모터 출력변수를 호출하여 모터를 제어한다.

- DroneMotorControl.writeMotors()

  해당 모터에 저장된 출력 값으로 모터를 제어하는 함수이다.

6-2 실습하기

오른쪽 하단에 있는 0번 모터를 동작시킨다.

6-2-1 준비물

- DRONE BASIC TRAINER
- ARDUINO Sketch
- USB Cable

6-2-2 소스 코드

```
05_Motor_Control\Motor_Control_01\Motor_Control_01.ino
```

드론의 BLDC 모터 제어 함수 호출을 위해 'DroneMotorControl' 라이브러리의 파일을 포함한다.

```
#include <DroneMotorControl.h>
```

'setup()' 함수에서는 'DroneMotorControl.initMotors()' 함수를 사용해서 드론의 모터를 초기화하고, 'DroneMotorControl.writeAllMotors()' 함수를 'STOP_MOTOR'로 설정하여 모터의 동작을 정지시킨다.(함수에 대한 설명은 교재 마지막장 부록에서 'DroneMotorControl 라이브러리'에 자세히 설명되어 있다.)

```
void setup()
{
  DroneMotorControl.initMotors();

  DroneMotorControl.writeAllMotors(STOP_MOTOR);
  delay(2000);
}
```

'loop()' 함수이다.

- 'DroneMotorControl.motor[]'를 활용하여 0번 모터에 인자 값 1100을 입력한다.
- 'DroneMotorControl.writeMotors()' 함수로 모터에 값을 전달하여 모터를 회전시킨다.(함수에 대한 설명은 교재 마지막장 부록에서 'DroneMotorControl 라이브러리'에 자세히 설명되어 있다.)

```
void loop()
{
  DroneMotorControl.motor[0] = 1100;

  DroneMotorControl.writeMotors();
  delay(1000);
}
```

6-2-3 컴파일 및 업로드

① 아두이노 프로그램에서 확인( ) 아이콘을 클릭하여 컴파일이 수행되는 것이 하단의 Build 창에 보이는 것을 확인할 수 있다.

② 장비와 같이 제공되는 USB Cable을 이용하여 아두이노에 업로드 한다. 아래와 같이 장비와 USB Cable을 연결한다.

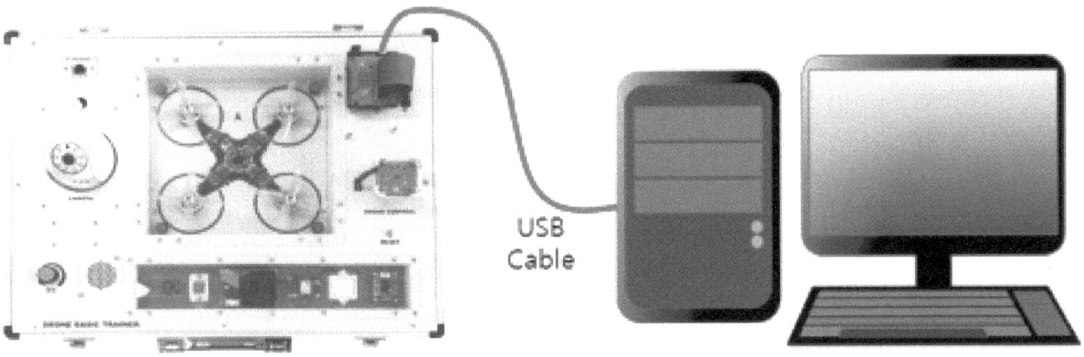

[그림 6-13] PC와 장비 연결

③ '툴'을 선택하여 아두이노 보드의 종류와 연결된 COM 포트를 각각 선택한다.

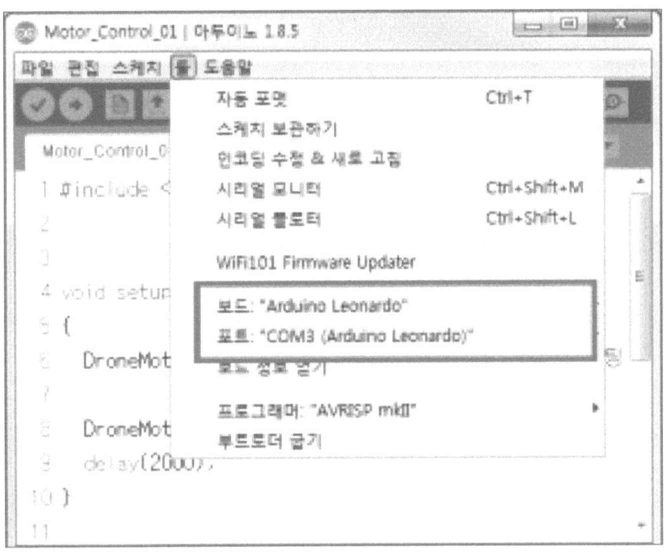

[그림 6-14] 컴포트 선택

④ 아두이노 프로그램에서 업로드( ) 아이콘을 클릭하여 아두이노에 업로드한다.

6-2-4 결과 확인

전자변속기(ESC) 튜닝을 먼저 시작하고, 전자변속기(ESC) 튜닝이 끝나면 오른쪽 아래의 모터가 회전하는 것을 볼 수 있다.

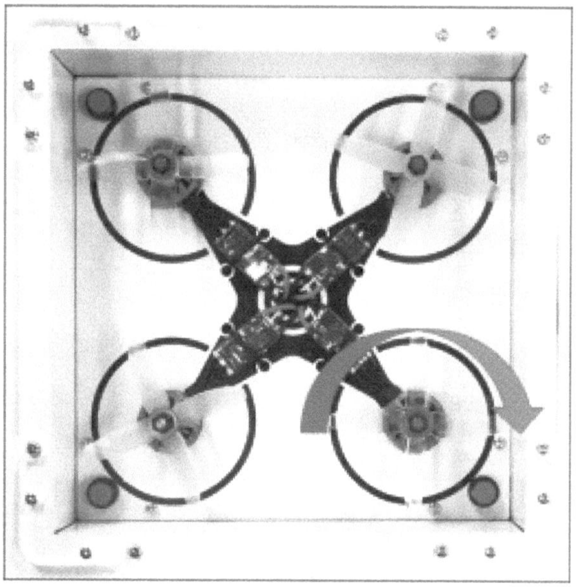

[그림 6-15] 장비동작 확인

6-3 활동 과제

1. 3초 간격으로 0번 모터를 회전시키는 펌웨어를 작성한다. 이때, LED0도 함께 ON/OFF 되는 펌웨어를 작성한다.

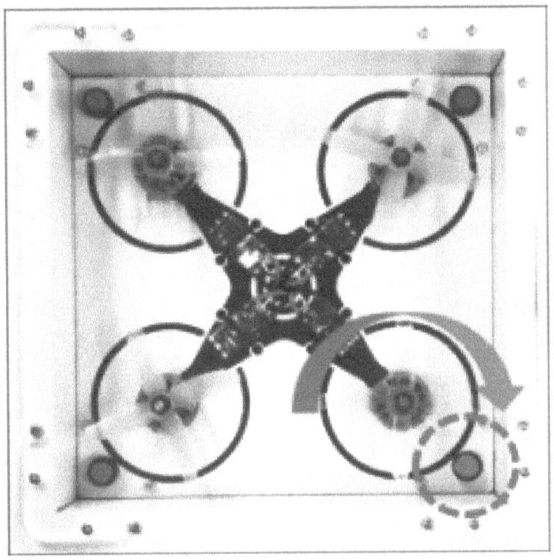

[그림 6-16] 모터0 & LED0 제어

2. 드론의 모터 4개를 모두 동작시키는 펌웨어를 작성한다.

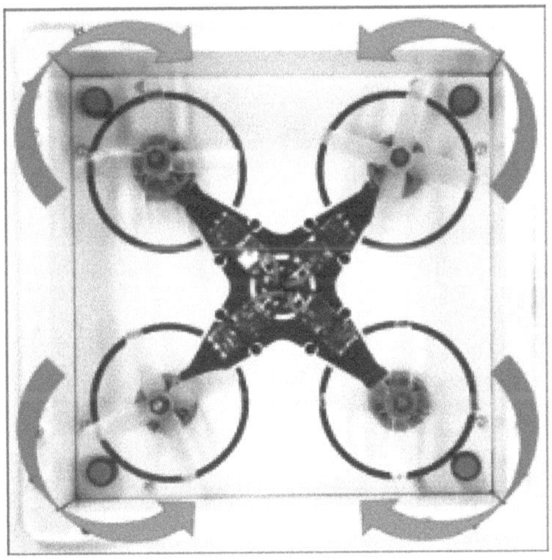

[그림 6-17] 모터 4개 회전

3. 모터 4개의 방향은 각각 위와 같이 고정되어 있다. 모터의 회전방향이 고정된 이유가 무엇인가?

CH.7

이동방향에 따른 모터 제어

이 장의 학습목표

▶ 이동방향에 따른 모터 회전 원리를 이해할 수 있다.

▶ 드론의 이동 방향에 따라 모터의 회전 속도를 변경할 수 있다.

7-1 준비하기

드론의 모터는 장비 중앙에 위치하고 있다.

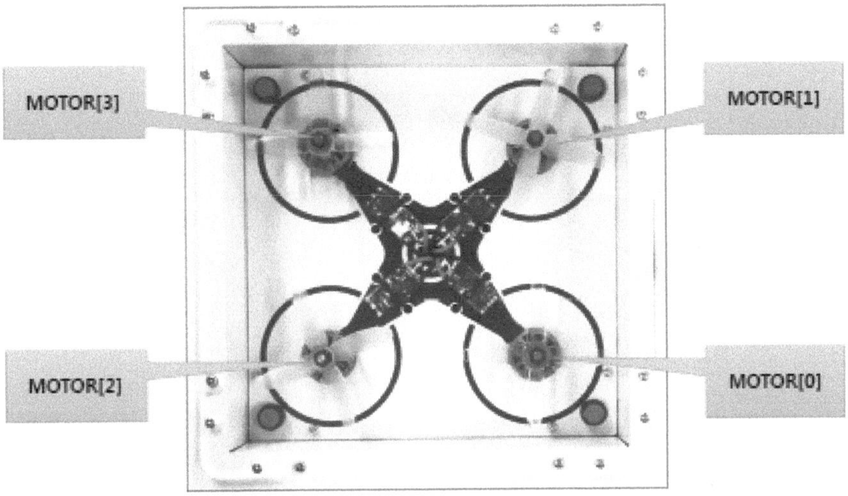

[그림 7-1] 모터 위치

7-1-1 비행 원리

드론이 비행하기 위해서는 4가지 힘이 요구된다.

① 양력(Lift) : 위로 들어 올리는 힘
② 추력(Thrust) : 앞으로 밀어내는 힘
③ 항력(Drag) : 공기가 뒤로 끄는 힘
④ 중력(Weight) : 지구가 당기는 힘

모터의 회전수는 PWM 방식으로 제어되는데 제어하는 모터의 위치와 회전수에 따라 드론의 이동 방향이 결정된다.

(1) 전진(Pitch Forward)

드론이 전진하기 위해서는 다음 그림과 같이 1, 3 프로펠러의 회전수를 높이면 기체가 앞쪽으로 기울어지면서 앞으로 이동하게 된다.

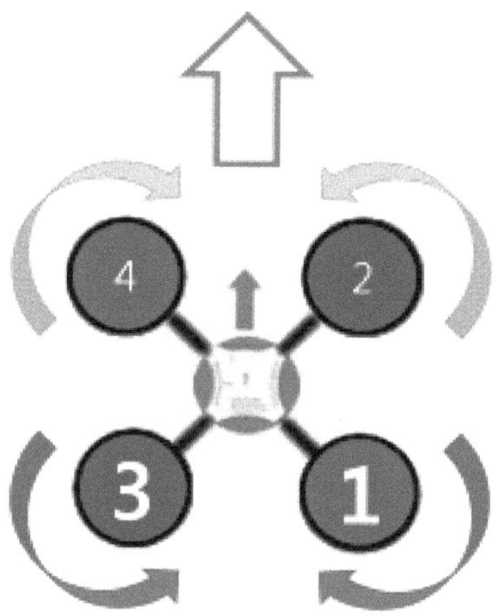

[그림 7-2] 전진

(2) 후진(Pitch Backward)

드론이 후진하기 위해서는 다음 그림과 같이 2, 4 프로펠러의 회전수를 높이면 기체가 뒤쪽으로 기울어지면서 뒤로 이동하게 된다.

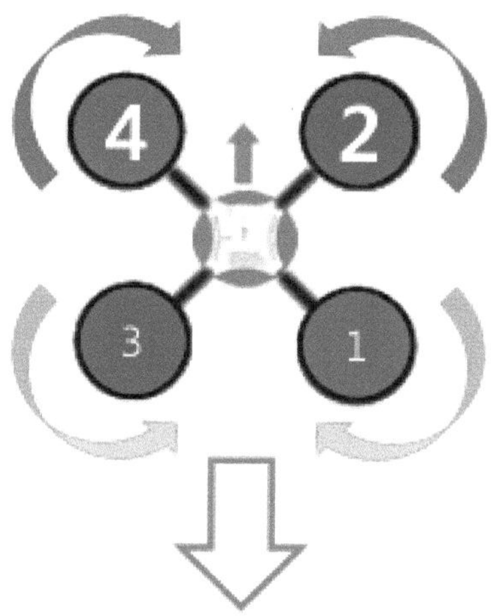

[그림 7-3] 후진

(3) 오른쪽(Roll Right)

드론이 오른쪽으로 이동하기 위해서는 다음 그림과 같이 3, 4 프로펠러의 회전수를 높이면 기체가 오른쪽으로 기울어지면서 우측으로 이동하게 된다.

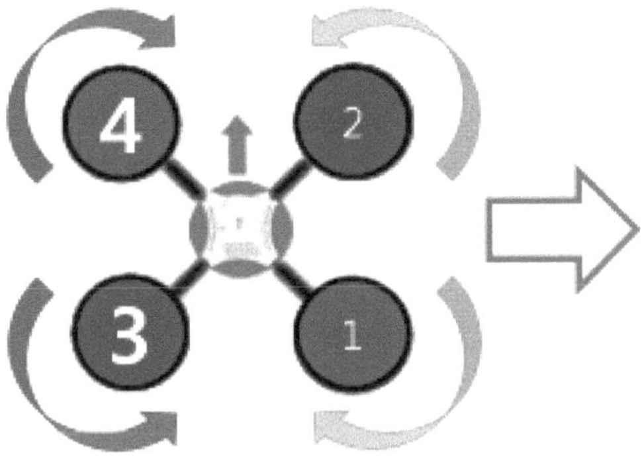

[그림 7-4] 우측으로 이동

(4) 왼쪽(Roll Left)

드론이 왼쪽으로 이동하기 위해서는 다음 그림과 같이 1, 2 프로펠러의 회전수를 높이면 기체가 왼쪽으로 기울어지면서 좌측으로 이동하게 된다.

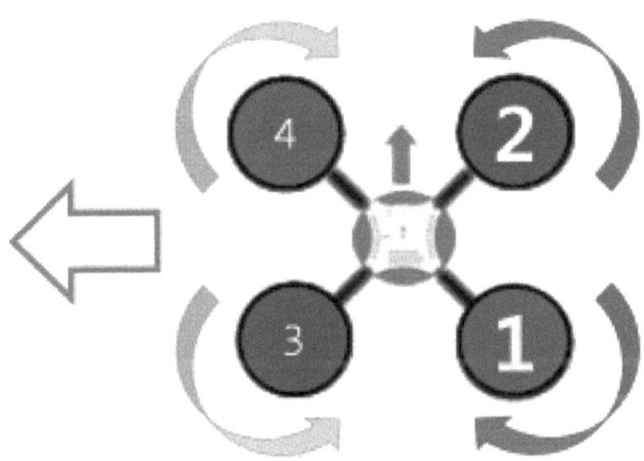

[그림 7-5] 좌측으로 이동

[자료 출처]

- ONE_MOON 블로그 (https://m.blog.naver.com/moon9435/221029171673)

7-1-2 모터 회로도

BLDC 모터 제어 회로이다. BLDC 모터 전자변속기를 PWM 방식으로 제어하여 모터를 동작시킨다. 아두이노 보드의 D9, D10, D5, D6에 전자변속기(ESC)가 연결되어 PWM에 변화를 주면 모터의 스피드도 변화한다.

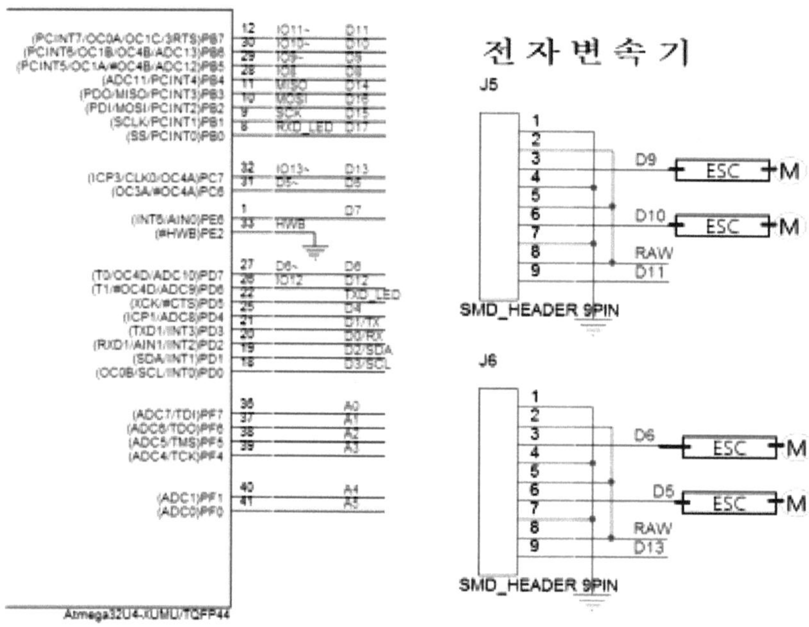

[그림 7-6] 모터 제어 회로

- PWM 프로토콜 = OneShot125
- PWM 출력 주기 = 500 usec (2 kHz)
- PWM 출력 최대 = 250 usec = 100% power
- PWM 출력 최소 = 125 usec = 0% power

마이크로프로세서의 출력에 TR을 이용하여 인버터되어 출력되므로 프로그램 작업시 유의하여야 한다.

실제 아두이노 보드의 D5~D6과 D9~D10핀은 아래 그림과 같이 우측에 위치해 있으며, 핀 번호 앞의 알파벳 'D'는 Digital 핀을 의미한다.(드론 연결 보드에는 아두이노 보드와 동일하게 핀 번호 및 기능들이 인쇄되어 있다.)

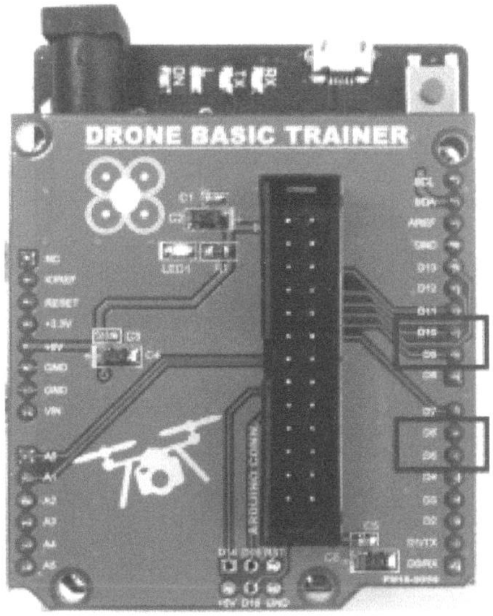

[그림 7-7] 실제 아두이노 보드 연결 포트

7-2 실습하기

5초간 전진 방법과 후진 방법으로 모터를 변경하면서 회전시킨다.

7-2-1 준비물

- DRONE BASIC TRAINER
- ARDUINO Sketch
- USB Cable

7-2-2 소스 코드

06_Drone_Control_01\Drone_Control_01_01\Drone_Control_01_01.ino

드론의 BLDC 모터 제어를 위해 'DroneMotorControl' 라이브러리의 파일을 포함한다. 또한 모터 회전변화를 LED로 확인하기 위하여 LED 핀도 함께 정의한다.

```
#include <DroneMotorControl.h>

#define LED0    11
#define LED1    4
#define LED2    12
#define LED3    13
```

'setup()' 함수이다.

- 'DroneMotorControl.initMotors()' 함수를 사용해서 드론의 모터를 초기화한다.(함수에 대한 설명은 교재 마지막장 부록에서 'DroneMotorControl 라이브러리'에 자세히 설명되어 있다.)
- 'pinMode()' 함수로 LED0~LED3의 핀을 출력으로 설정한다.

```
void setup()
{
  DroneMotorControl.initMotors(); //모터를 초기화한다.

  pinMode(LED0, OUTPUT);
  pinMode(LED1, OUTPUT);
  pinMode(LED2, OUTPUT);
  pinMode(LED3, OUTPUT);
```

- 'DroneMotorControl.writeAllMotors()' 함수를 'STOP_MOTOR'로 설정하여 모터의 동작을 정지시킨다.(함수에 대한 설명은 교재 마지막장 부록에서 'DroneMotorControl 라이브러리'에 자세히 설명되어 있다.)

```
  DroneMotorControl.writeAllMotors(STOP_MOTOR);
  delay(2000);
}
```

'loop()'함수이다.

- 'DroneMotorControl.motor[]'에 전진 이동을 위하여 0과 2번 모터의 회전을 1200으로 설정하고, 1과 3번 모터의 회전을 1080으로 설정한다.
- 'DroneMotorControl.writeMotors()' 함수로 모터 설정 값을 전달한다.(함수에 대한 설명은 교재 마지막장 부록에서 'DroneMotorControl 라이브러리'에 자세히 설명되어 있다.)

- 모터의 회전 변화를 표시하기 위해 빠르게 회전하는 0, 2번 모터의 LED를 ON 시킨다.
- 5초간 유지한다.

```
void loop()
{
  // 전진
  DroneMotorControl.motor[0] = 1200; //9
  DroneMotorControl.motor[1] = 1080; //10
  DroneMotorControl.motor[2] = 1200; //5
  DroneMotorControl.motor[3] = 1080; //6
  DroneMotorControl.writeMotors();

  digitalWrite(LED0, HIGH);
  digitalWrite(LED1, LOW);
  digitalWrite(LED2, HIGH);
  digitalWrite(LED3, LOW);
  delay(5000);
```

- 'DroneMotorControl.motor[]'에 후진 이동을 위하여 1과 3번 모터의 회전을 1200으로 설정하고, 0과 2번 모터의 회전을 1080으로 설정한다.
- 'DroneMotorControl.writeMotors()' 함수로 모터 설정 값을 전달한다.
- 모터의 회전 변화를 표시하기 위해 빠르게 회전하는 1, 3번 모터의 LED를 ON 시킨다.
- 5초간 유지한다.

```
  // 후진
  DroneMotorControl.motor[0] = 1080; //9
  DroneMotorControl.motor[1] = 1200; //10
  DroneMotorControl.motor[2] = 1080; //5
  DroneMotorControl.motor[3] = 1200; //6
  DroneMotorControl.writeMotors();

  digitalWrite(LED0, LOW);
  digitalWrite(LED1, HIGH);
  digitalWrite(LED2, LOW);
  digitalWrite(LED3, HIGH);
  delay(5000);
}
```

7-2-3 컴파일 및 업로드

① 아두이노 프로그램에서 확인( ) 아이콘을 클릭하여 컴파일이 수행되는 것이 하단의 Build 창에 보이는 것을 확인할 수 있다.

② 장비와 같이 제공되는 USB Cable을 이용하여 아두이노에 업로드 한다. 아래와 같이 장비와 USB Cable을 연결한다.

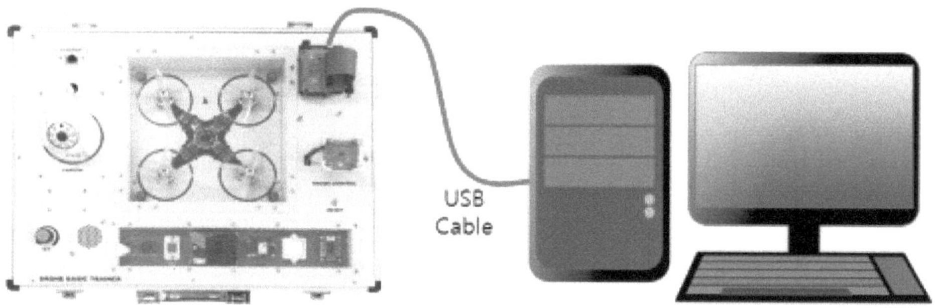

[그림 7-8] PC와 장비 연결

③ '툴'을 선택하여 아두이노 보드의 종류와 연결된 COM 포트를 각각 선택한다.

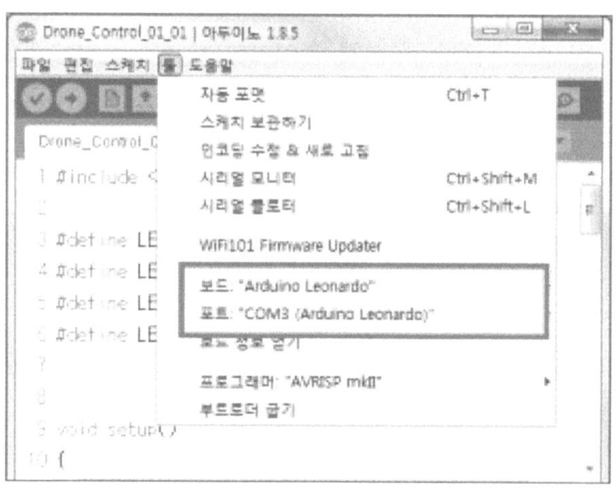

[그림 7-9] 컴포트 선택

④ 아두이노 프로그램에서 업로드( ) 아이콘을 클릭하여 아두이노에 업로드한다.

7-2-4 결과 확인

전자변속기(ESC) 튜닝을 먼저 시작하고, 전자변속기(ESC) 튜닝이 끝나면 전진방향으로 이동을 위해 드론 모터와 LED가 동작을 한다. 5초 후 후진방향으로 이동을 위해 드론 모터와 LED가 동작을 한다.

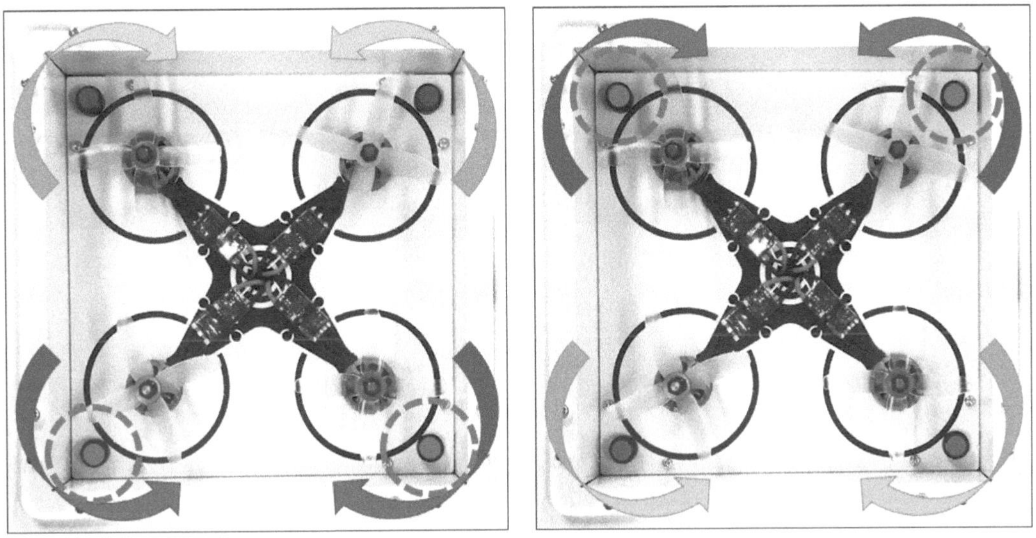

전진 후진

[그림 7-10] 장비동작 확인

7-3 활동 과제

1. 5초간 왼쪽과 오른쪽 이동 방법으로 모터의 회전속도를 변경하면서 동작시키는 펌웨어를 작성한다. 이때, 빠르게 회전하는 모터의 LED도 함께 ON 시킨다.

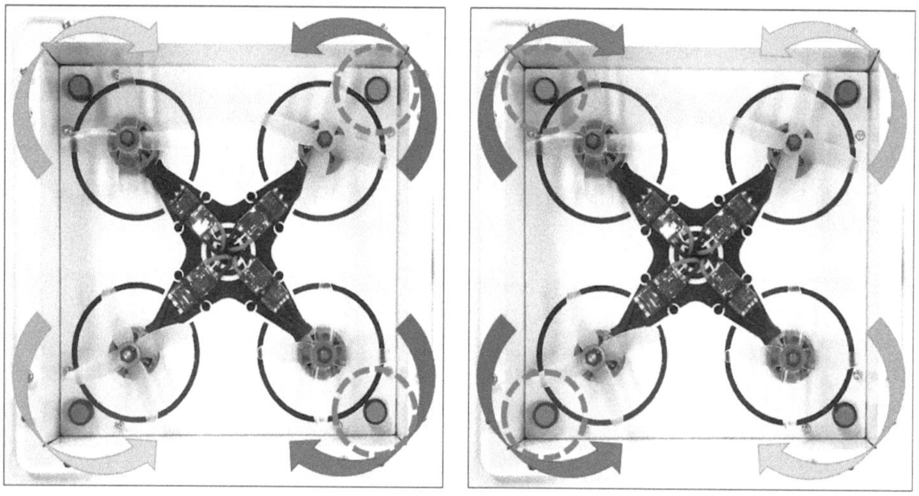

왼쪽으로 오른쪽으로

[그림 7-11] 장비동작 확인

2. 이동하려는 방향 모터의 회전속도와 반대 방향 모터의 회전속도를 다르게 하는 이유는 무엇인가?

CH.8

회전 및 고도에 따른 모터 제어

이 장의 학습목표

- ▶ 회전 및 고도에 따른 모터 회전 원리를 이해할 수 있다.
- ▶ 드론의 회전 및 고도에 따라 모터의 회전 속도를 변경할 수 있다.

8-1 준비하기

드론의 모터는 장비 중앙에 위치하고 있다.

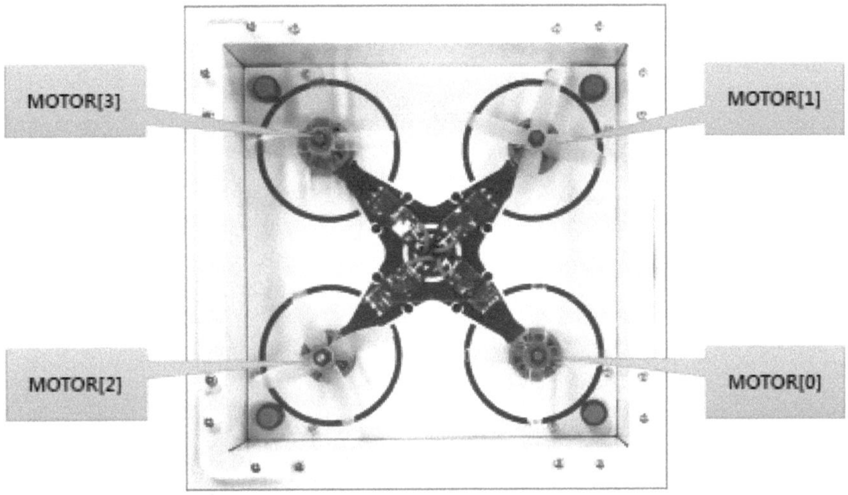

[그림 8-1] 모터 위치

8-1-1 비행 원리

드론이 비행하기 위해서는 4가지 힘이 요구된다.

① 양력(Lift) : 위로 들어 올리는 힘

② 추력(Thrust) : 앞으로 밀어내는 힘

③ 항력(Drag) : 공기가 뒤로 끄는 힘

④ 중력(Weight) : 지구가 당기는 힘

모터의 회전수는 PWM 방식으로 제어되는데 제어하는 모터의 위치와 회전수에 따라 드론의 이동 방향이 결정된다.

(1) 좌회전(Yaw Anti-clockwise)

드론이 제자리에서 좌회전 위해서는 다음 그림과 같이 1, 4 프로펠러의 회전수를 높이면 기체가 반시계방향으로 회전하게 된다.

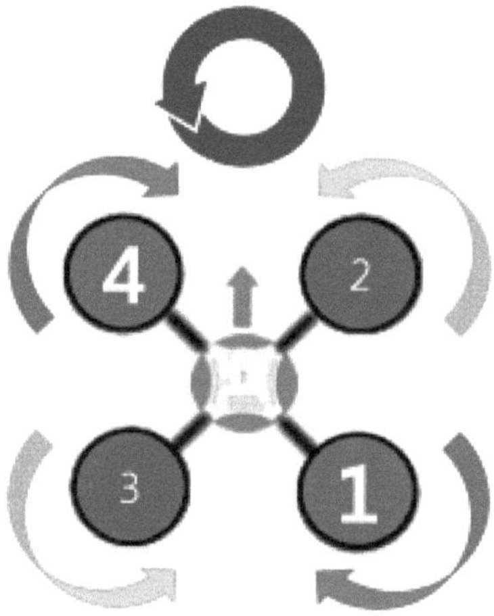

[그림 8-2] 좌회전

(2) 우회전(Yaw Clockwise)

드론이 제자리에서 우회전 위해서는 다음 그림과 같이 2, 3 프로펠러의 회전수를 높이면 기체가 시계방향으로 회전하게 된다.

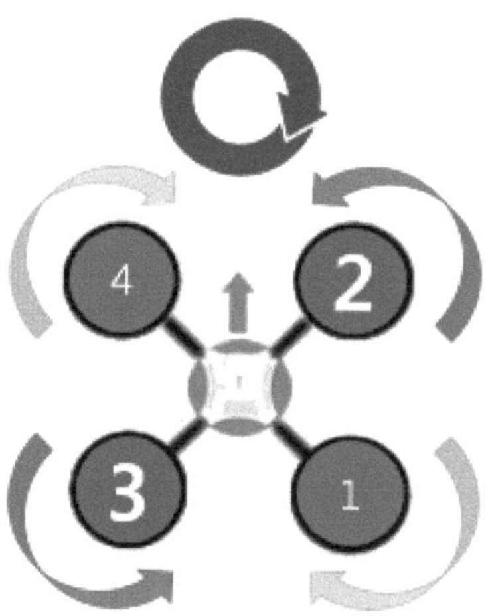

[그림 8-3] 우회전

(3) 상승(Ascend)

드론이 위쪽으로 상승하기 위해서는 다음 그림과 같이 1~4 프로펠러의 회전수를 높이면 기체가 상승하게 된다.

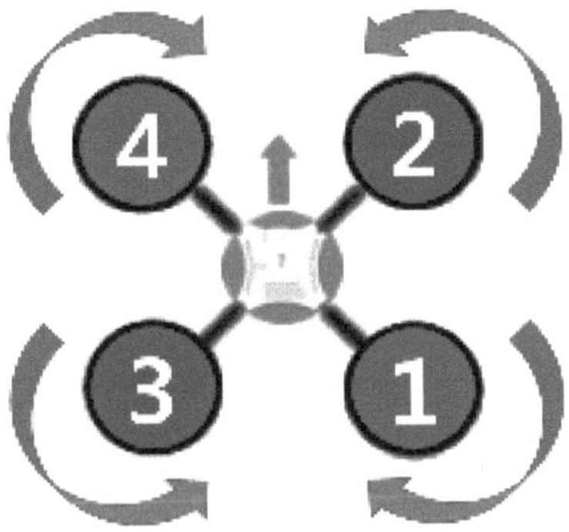

[그림 8-4] 상승

(4)하강(Descend)

드론이 아래쪽으로 하강하기 위해서는 다음 그림과 같이 1~4 프로펠러의 회전수를 낮추면 기체가 하강하게 된다.

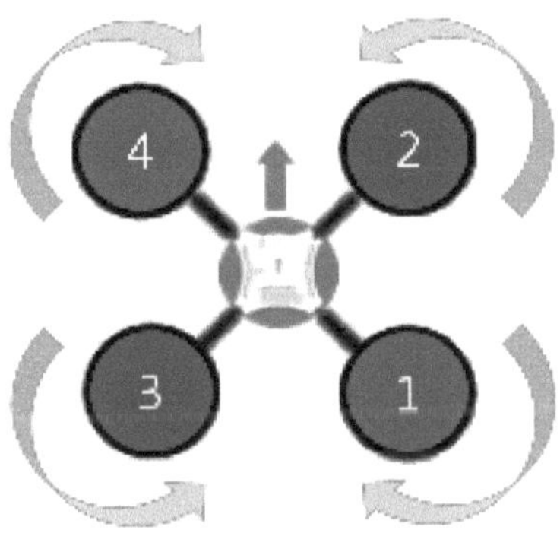

[그림 8-5] 하강

[자료 출처]

- ONE_MOON 블로그 (https://m.blog.naver.com/moon9435/221029171673)

8-1-2 모터 회로도

BLDC 모터 제어 회로이다. BLDC 모터 전자변속기를 PWM 방식으로 제어하여 모터를 동작시킨다.

아두이노 보드의 D9, D10, D5, D6에 전자변속기(ESC)가 연결되어 PWM에 변화를 주면 모터의 스피드도 변화한다.

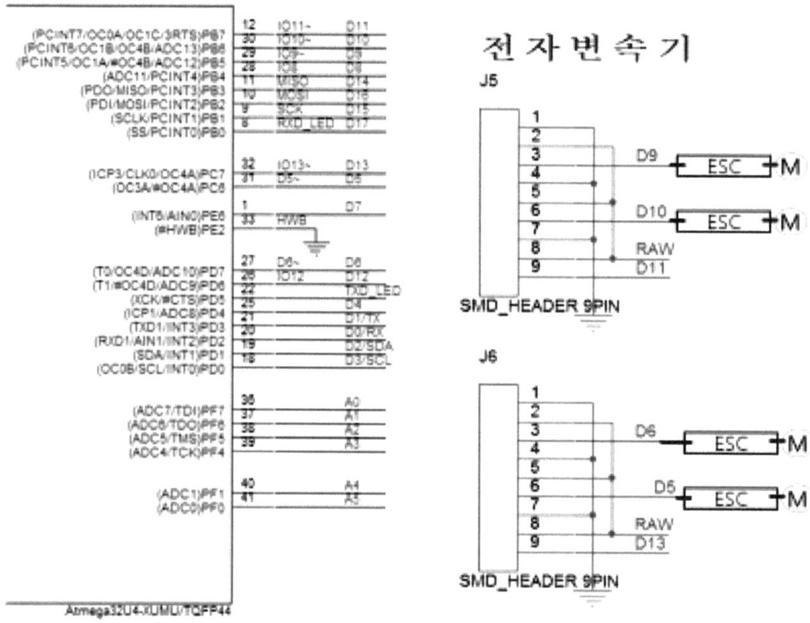

[그림 8-6] 모터 제어 회로

- PWM 프로토콜 = OneShot125
- PWM 출력 주기 = 500 usec (2 kHz)
- PWM 출력 최대 = 250 usec = 100% power
- PWM 출력 최소 = 125 usec = 0% power

마이크로프로세서의 출력에 TR을 이용하여 인버터되어 출력되므로 프로그램 작업시 유의하여야 한다.

실제 아두이노 보드의 D5~D6과 D9~D10핀은 아래 그림과 같이 우측에 위치해 있으며, 핀 번호 앞의 알파벳 'D'는 Digital 핀을 의미한다.(드론 연결 보드에는 아두이노 보드와 동일하게 핀 번호 및 기능들이 인쇄되어 있다.)

[그림 8-7] 실제 아두이노 보드 연결 포트

8-2 실습하기

5초간 제자리에서 좌회전 방법과 우회전 방법으로 모터가 회전수를 변경하면서 회전시킨다.

8-2-1 준비물

- DRONE BASIC TRAINER
- ARDUINO Sketch
- USB Cable

8-2-2 소스 코드

07_Drone_Control_02\Drone_Control_02_01\Drone_Control_02_01.ino

드론의 BLDC 모터 제어를 위해 'DroneMotorControl' 라이브러리의 파일을 포함한다. 또한 모터 회전변화를 LED로 확인하기 위하여 LED 핀도 함께 정의한다.

```
#include <DroneMotorControl.h>

#define LED0    11
#define LED1    4
#define LED2    12
#define LED3    13
```

'setup()' 함수이다.

- 'DroneMotorControl.initMotors()' 함수를 사용해서 드론의 모터를 초기화한다.(함수에 대한 설명은 교재 마지막장 부록에서 'DroneMotorControl 라이브러리'에 자세히 설명되어 있다.)
- 'pinMode()' 함수로 LED0~LED3의 핀을 출력으로 설정한다.

```
void setup()
{
  DroneMotorControl.initMotors(); //모터를 초기화한다.

  pinMode(LED0, OUTPUT);
  pinMode(LED1, OUTPUT);
  pinMode(LED2, OUTPUT);
  pinMode(LED3, OUTPUT);
```

- 'DroneMotorControl.writeAllMotors()' 함수를 'STOP_MOTOR'로 설정하여 모터의 동작을 정지시킨다.(함수에 대한 설명은 교재 마지막장 부록에서 'DroneMotorControl 라이브러리'에 자세히 설명되어 있다.)

```
  DroneMotorControl.writeAllMotors(STOP_MOTOR);
  delay(2000);
}
```

'loop()'함수이다.

- 'DroneMotorControl.motor[]'에 제자리에서 좌회전을 위하여 0과 3번 모터의 회전을 1200으로 설정하고, 1과 2번 모터의 회전을 1080으로 설정한다.
- 'DroneMotorControl.writeMotors()' 함수로 모터 설정 값을 전달한다.(함수에 대한 설명은 교재 마지막장 부록에서 'DroneMotorControl 라이브러리'에 자세히 설명되어 있다.)

- 모터의 회전 변화를 표시하기 위해 빠르게 회전하는 0, 3번 모터의 LED를 ON 시킨다.
- 5초간 유지한다.

```
void loop()
{
  // 좌회전
  DroneMotorControl.motor[0] = 1200; //9
  DroneMotorControl.motor[1] = 1080; //10
  DroneMotorControl.motor[2] = 1080; //5
  DroneMotorControl.motor[3] = 1200; //6
  DroneMotorControl.writeMotors();

  digitalWrite(LED0, HIGH);
  digitalWrite(LED1, LOW);
  digitalWrite(LED2, LOW);
  digitalWrite(LED3, HIGH);
  delay(5000);
```

- 'DroneMotorControl.motor[]'에 제자리에서 우회전을 위하여 1과 2번 모터의 회전을 1200으로 설정하고, 0과 3번 모터의 회전을 1080으로 설정한다.
- 'DroneMotorControl.writeMotors()' 함수로 모터 설정 값을 전달한다.
- 모터의 회전 변화를 표시하기 위해 빠르게 회전하는 1, 2번 모터의 LED를 ON 시킨다.
- 5초간 유지한다.

```
  // 우회전
  DroneMotorControl.motor[0] = 1080; //9
  DroneMotorControl.motor[1] = 1200; //10
  DroneMotorControl.motor[2] = 1200; //5
  DroneMotorControl.motor[3] = 1080; //6
  DroneMotorControl.writeMotors();

  digitalWrite(LED0, LOW);
  digitalWrite(LED1, HIGH);
  digitalWrite(LED2, HIGH);
  digitalWrite(LED3, LOW);
  delay(5000);
}
```

8-2-3 컴파일 및 업로드

① 아두이노 프로그램에서 확인( ) 아이콘을 클릭하여 컴파일이 수행되는 것이 하단의 Build 창에 보이는 것을 확인할 수 있다.

② 장비와 같이 제공되는 USB Cable을 이용하여 아두이노에 업로드 한다. 아래와 같이 장비와 USB Cable을 연결한다.

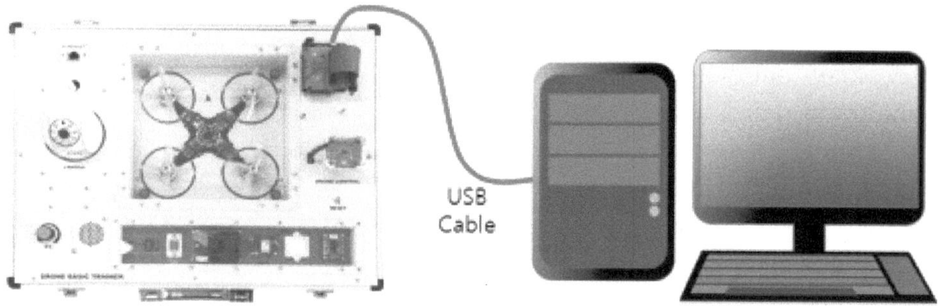

[그림 8-8] PC와 장비 연결

③ '툴'을 선택하여 아두이노 보드의 종류와 연결된 COM 포트를 각각 선택한다.

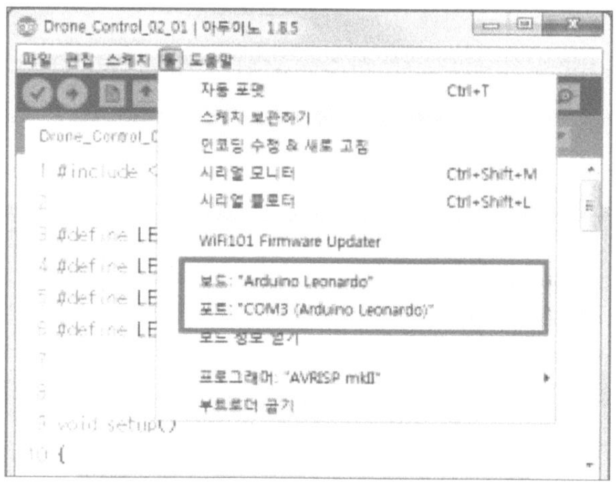

[그림 8-9] 컴포트 선택

④ 아두이노 프로그램에서 업로드( ) 아이콘을 클릭하여 아두이노에 업로드한다.

8-2-4 결과 확인

전자변속기(ESC) 튜닝을 먼저 시작하고, 전자변속기(ESC) 튜닝이 끝나면 5초 간격으로 제자리 좌회전과 우회전 방향으로 모터가 회전수를 변경하면서 회전하는 것을 볼 수 있다.

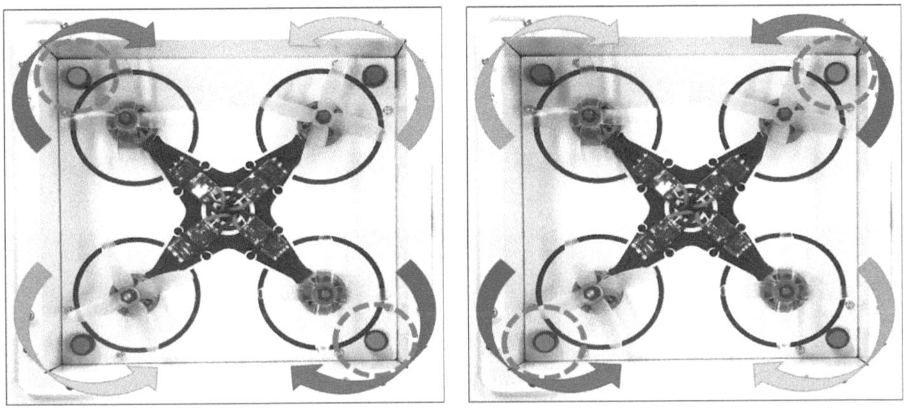

좌회전 우회전

[그림 8-10] 장비동작 확인

8-3 활동 과제

5초간 상승과 하강 방법으로 모터의 회전속도를 변경하면서 동작시키는 펌웨어를 작성한다. 이때, 빠르게 회전하는 모터의 LED도 함께 ON 시킨다.

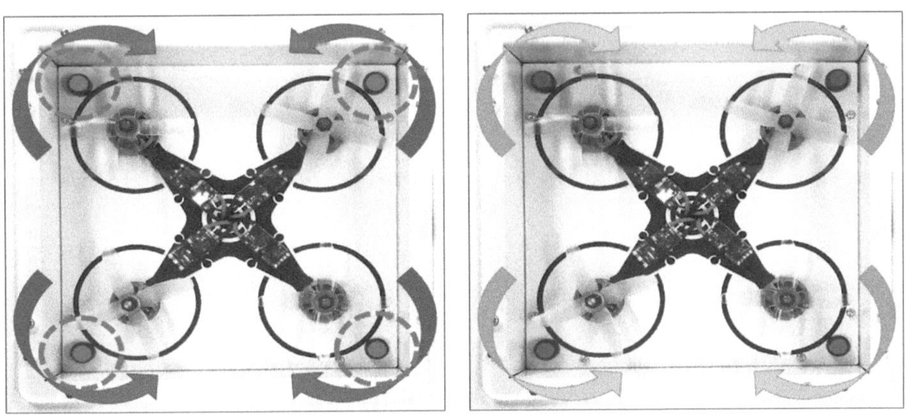

상승 하강

[그림 8-11] 장비동작 확인

CH.9

지자기 센서를 이용한 제어

이 장의 학습목표

▶ 지자기 센서의 동작 원리를 이해할 수 있다.

▶ 지자기 센서 값 모니터링 및 센서 값에 따른 모터 제어를 할 수 있다.

9-1 준비하기

드론에 장착되는 다양한 센서들 중 지자기 센서는 드론의 방향을 확인할 수 있는 센서이다. 지자기 센서는 나침반과 같이 자북을 거의 정확히 추정할 수 있기 때문에 현재 드론의 방향을 알 수 있다. 지자기 센서는 장비의 하단에 장착되어 있다.

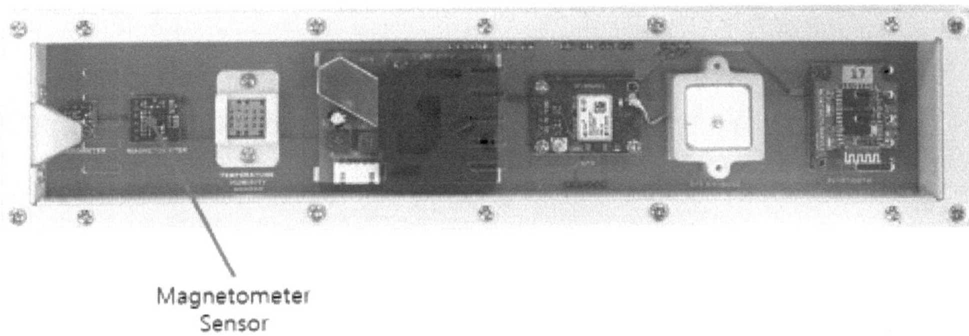

[그림 9-1] 센서 위치

9-1-1 지자기 센서

지자기 센서 또는 콤파스 센서라고 불린다. 지구의 자기장을 측정하는 센서로서 지구의 자기장의 방향을 직접 알 수 있을 뿐 아니라 진동주기로부터 크기를 알 수 있다. 측정 단위는 마이크로 테슬라(μT)이다.

회전 코일을 사용한 자기의 강자성체의 자기포화 현상을 이용한 포화 철심형 자력계, 양성자의 핵자기 공명을 이용한 양자 자력계, 루비듐이나 세슘 원자의 제만효과를 이용한 광펌핑 자력계, 초전도 현상을 이용한 SQUID 등이 있어 장점을 살려 사용되고 있다.

[그림 9-2] 지자기 센서

(1) 센서의 동작원리

지자기 센서는 Hall Effect에 의한 감응을 기초로 한다.

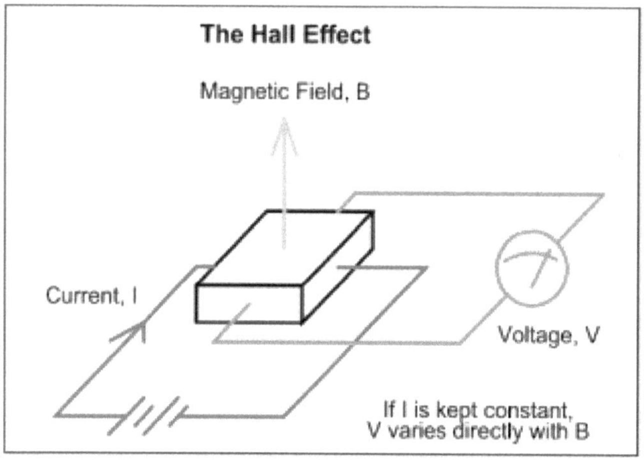

[그림 9-3] Hall Effect

직교하는 전도체 내의 전류와 자기장에 의해 전자가 편향되면서 도체 양단에 전압이 발생하는데 이것은 선형 값이므로 저전압(홀전압이라고 함)을 측정하면 현재 입자된 자기장의 크기를 알 수 있다.

(2) 센서의 종류

- **3축 지자기 센서** : 휴대폰에 많이 들어간다. 나침반 기능이 대표적인 예이다. 또한, 금속을 탐지하므로 금속 탐지 소프트웨어에서도 쓰인다.
- **지자기 이미징 센서** : 원리 자체는 홀 센서와 비슷하나, 이것은 반송되는 값의 편향을 사용하여 계측하는 것으로, 이 센서를 사용해 광역 스캔을 하면 이미지를 구성할 수 있다.

[자료 출처]

- 엔하위키 미러 "지자기센서"

9-1-2 지자기 센서 회로도

지자기 센서는 MAG3110의 I2C 통신을 이용하여 아두이노에서 값을 읽어와 처리한다. I2C 통신은 아두이노 보드의 D2와 D3 핀에 연결되어 있다.

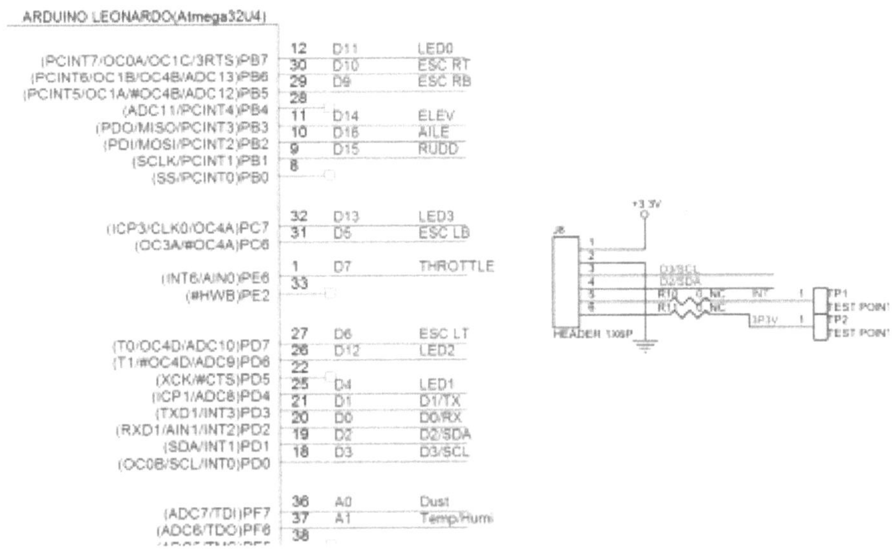

[그림 9-4] 아두이노 보드 & 지자기 센서 회로도

실제 아두이노 보드의 D2와 D3핀은 아래 그림과 같이 우측에 위치해 있으며, 핀 번호 앞의 알파벳 'D'는 Digital 핀을 의미한다.(드론 연결 보드에는 아두이노 보드와 동일하게 핀 번호 및 기능들이 인쇄되어 있다.)

[그림 9-5] 실제 아두이노 보드 연결 포트

9-1-3 라이브러리

본 실습에서는 지자기 센서의 측정을 위하여 'SparkFun_MAG3110' 라이브러리를 사용하며 주로 사용하는 함수의 내용은 아래와 같다.

- mag.initialize()

  지자기 센서의 초기화를 위한 함수이다. I2C 통신을 위한 주파수를 설정하고, 'reset()' 함수를 호출하여 초기화를 진행한다.

- mag.readMag(int x, int y, int z)

  지자기 센서의 값을 읽어오는 함수이다. 호출시 X, Y, Z 축의 데이터를 읽어와 배열 변수에 각각 저장한다.

- mag.enterCalMode()

  지자기 센서를 교정모드로 설정하는 함수이다. 호출시 센서를 교정모드로 설정하고, X와 Y축의 최소/최대 값의 범위를 지정한다.

- mag.calibrate()

  지자기 센서를 교정하는 함수이다. 현재 읽어온 X, Y축의 값과 설정한 최소/최대 값을 비교하여 현재 읽어온 값을 현재의 값으로 변경한다.

- mag.exitCalMode()

  지자기 센서의 교정 모드를 종료하는 함수이다. X, Y축의 값을 설정하고 교정 모드를 완료한다.

- mag.reset()

  지자기 센서를 리셋하는 함수이다. 진입 모드로 설정하고 X, Y, Z축의 값을 0으로 리셋한다.

9-2 실습하기

지자계 센서 값을 측정하여 시리얼 모니터 또는 시리얼 플로터로 출력한다.

9-2-1 준비물

- DRONE BASIC TRAINER
- ARDUINO Sketch
- USB Cable

9-2-2 소스 코드

```
08_Magnetic_Sensor\Magnetic_Sensor_01\Magnetic_Sensor_01.ino
```

지자기 센서 값 측정을 위해 'SparkFun_MAG3110' 라이브러리의 파일을 포함한다.

```
#include <SparkFun_MAG3110.h>
```

센서의 클래스를 정의하고 실행하는 함수를 선언함으로서 센서 모듈을 인스턴스화 한다.

```
MAG3110 mag = MAG3110(); //Instantiate MAG3110
```

센서의 필터링을 위해 사용되는 변수를 선언한다.

```
float P = 1.0;
float varP = pow(0.05, 2);
float varM = pow(0.5, 2);
float K = 1.0;
float Kalman = 20.0;
float KalmanPlot=0.0;
```

'setup()' 함수에서는 지자기 센서와 I2C 통신으로 모니터링하기 위해 시리얼 모니터를 초기화하고, 'mag.initialize()' 함수를 사용하여 지자기 센서를 초기화한다.(함수에 대한 설명은 교재 마지막 장 부록에서 'SparkFun_MAG3110 라이브러리'에 자세히 설명되어 있다.)

```
void setup()
{
  Serial.begin(9600);

  mag.initialize(); //지자기 센서를 초기화한다.
}
```

'loop()' 함수이다.

- 지자기 센서 값을 저장할 변수 'x, y, z'를 선언한다.
- 지자기 센서가 교정이 되었는지 확인하여 교정이 되어있지 않을 경우 시리얼 모니터에 "Entering calibration mode"를 출력한다.
- 'mag.enterCalMode()' 함수를 호출하여 센서 교정모드로 설정한다.(함수에 대한 설명은 교재 마지막장 부록에서 'SparkFun_MAG3110 라이브러리'에 자세히 설명되어 있다.)
- 교정 모드가 되었을 경우 'mag.calibrate()' 함수를 호출하여 센서 교정을 시작한다.

```
void loop()
{
  int x, y, z;

  if(!mag.isCalibrated()) //만약 지자기 센서 교정이 완료되지 않았을 경우
  {
    if(!mag.isCalibrating()) //현재 센서 교정이 되지 않고 있는 경우
    {
      Serial.println("Entering calibration mode");
      mag.enterCalMode(); //센서 교정모드로 진입한다.
    }
    else
    {
      mag.calibrate();      //지자기 센서 교정을 시작한다.
    }
  }
```

- 센서 교정이 완료된 경우에는 'mag.readMag()' 함수를 이용하여 지자기 센서의 값을 읽어와 변수 'x, y, z'에 각각 저장한다.(함수에 대한 설명은 교재 마지막장 부록에서 'SparkFun_MAG3110 라이브러리'에 자세히 설명되어 있다.)

```
  else //만약 지자기 센서 교정이 완료되었을 경우
  {
    mag.readMag(&x, &y, &z); //지자기 센서 값을 읽어서 x,y,z 변수에 값을 저장한다.
```

- X축, Y축의 값이 저장된 변수 'x, y'의 값으로 방위 값을 구한다.
- 음수 값이 되면 360을 더하여 양수로 만들어 준다.
- 칼만 필터를 이용하여 센서 값을 안정화 시킨다.
- 'Serial.print()' 함수를 이용하여 계산된 지자기 센서 값을 시리얼 모니터/플로터에 각각 출력한다.

```
    float azimuth = atan2((int)y,(int)x) * 180.0/PI; //y, x값을 이용하여 방위를 알아낸다.
    azimuth = (azimuth < 0)?(360 + azimuth):azimuth; //값이 음수이면 360에서 음수 값
을 더한다.

    /*########### 칼만필터를 적용하여 센서 값 안정화 ###########*/
    P = P + varP;
    K = P / (P + varM);
    Kalman = K * azimuth + (1 - K) * Kalman;
    P = (1 - K) * P;
    /*################################################*/

    Serial.println(Kalman);
  }
  delay(50);
}
```

9-2-3 컴파일 및 업로드

① 아두이노 프로그램에서 확인() 아이콘을 클릭하여 컴파일이 수행되는 것이 하단의 Build 창에 보이는 것을 확인할 수 있다.

② 장비와 같이 제공되는 USB Cable을 이용하여 아두이노에 업로드 한다. 아래와 같이 장비와 USB Cable을 연결한다.

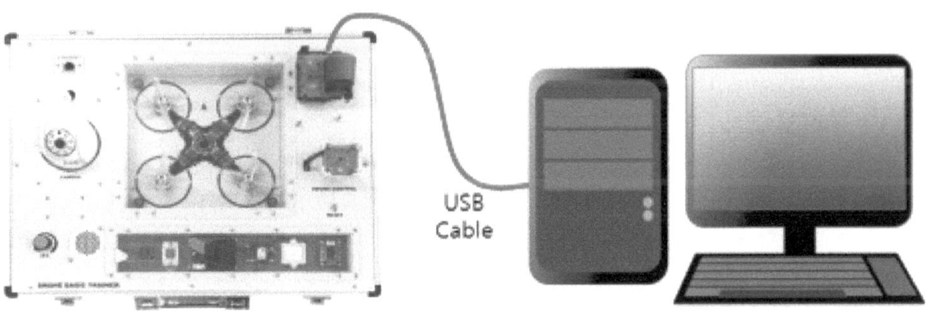

[그림 9-6] PC와 장비 연결

③ '툴'을 선택하여 아두이노 보드의 종류와 연결된 COM 포트를 각각 선택한다.

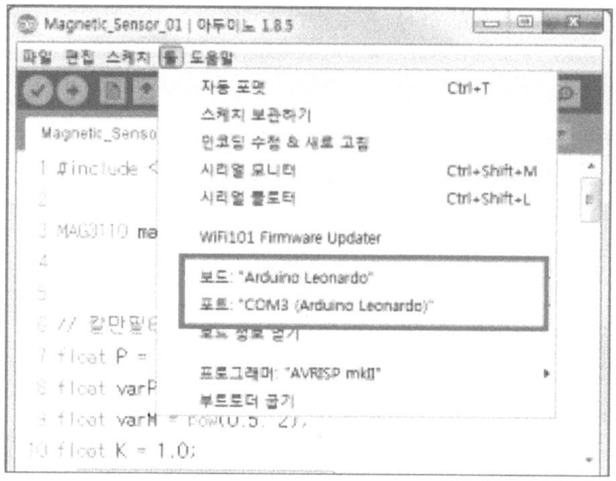

[그림 9-7] 컴포트 선택

④ 아두이노 프로그램에서 업로드( ) 아이콘을 클릭하여 아두이노에 업로드한다.

⑤ 시리얼 모니터 또는 시리얼 플로터를 실행한다.

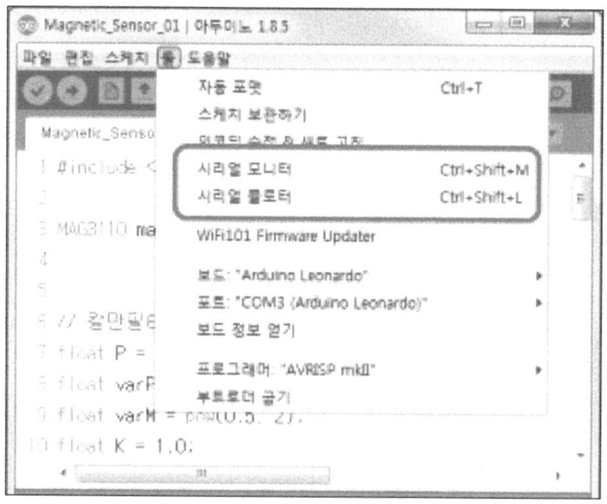

[그림 9-8] 시리얼 플로터 실행

9-2-4 결과 확인

지자기 센서는 장비의 하단에 부착되어 있으므로, 장비를 좌/우로 움직인다. 시리얼 모니터 또는 시리얼 플로터로 지자기 센서의 방위 값이 출력되는 것을 확인할 수 있다.

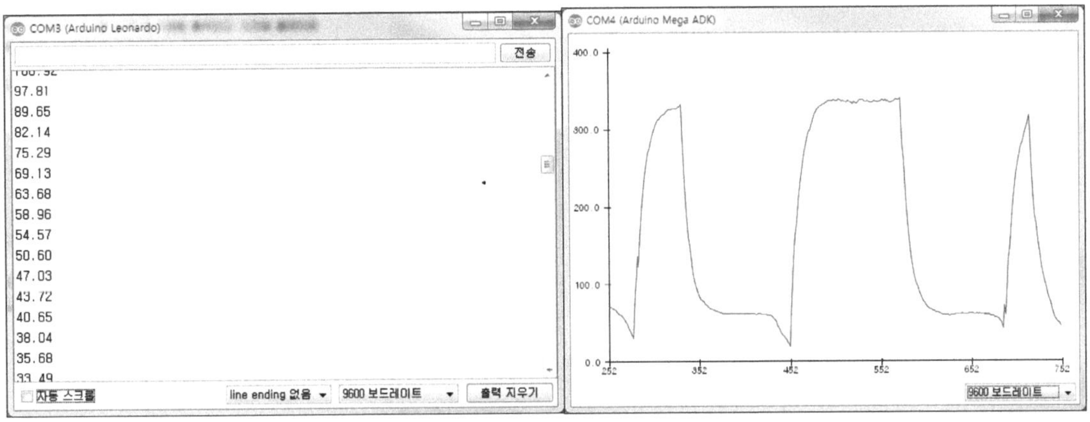

[그림 9-9] 센서 결과 값 출력

9-3 활동 과제

현재 위치일 때의 지자기 값을 기준으로 하여 값에 따라 드론의 회전을 제어하는 펌웨어를 작성한다.

- 지자기 값이 기준보다 커지면 제자리에서 좌회전
- 지자기 값이 기준보다 작아지면 제자리에서 우회전

CH.10

기압계 센서를 이용한 제어

이 장의 학습목표

▶ 기압계 센서의 동작 원리를 이해할 수 있다.

▶ 기압계 센서 값 모니터링 및 센서 값에 따른 모터 제어를 할 수 있다.

10-1 준비하기

드론에 장착되는 다양한 센서들 중 기압계 센서는 주변의 기압을 측정하여 고도에 따른 기압 차이를 이용하여 현재 고도를 측정할 수 있는 센서이다. 기압계 센서는 장비의 하단에 장착되어 있다.

기압 변화를 인위적으로 변화하기 위하여 송풍기와 송풍기 조절 스위치가 함께 장착되어 있다.

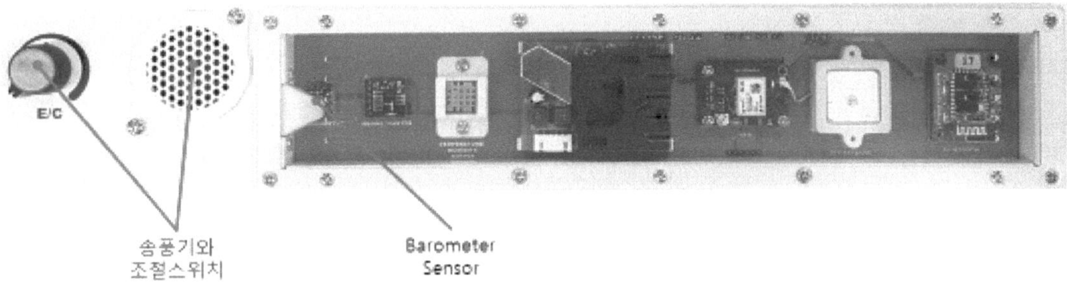

[그림 10-1] 센서 위치

10-1-1 기압계 센서

독일 보쉬(Bosch)사의 BMP180 센서는 정밀한 기압 및 온도를 측정할 수 있다. 고도에 따라 기압은 달라지므로 기압을 바탕으로 고도를 측정할 수 있다. 고도가 높아지면 기압이 낮아지고 고도가 낮아지면 기압이 높아지는 원리를 이용하는 것이다. 이를 기압고도(Pressure Altitude)라고 한다.

BMP180센서는 I2C (Inter Integrated Circuit) 통신 프로토콜을 통해서 데이터를 추출할 수 있다.

[그림 10-2]

측정 가능한 기압의 범위는 300~1100 hPa 즉, 해발기준 9000~-500 m에 해당되는 고도의 기압까지 측정이 가능하다. 작동 전압은 1.8~3.6 V이다.

기압계 센서는 4개의 핀을 이용하여 값을 측정할 수 있다.

핀 번호	용도
1번 핀(VIN)	3.3 V
2번 핀(GND)	GND
3번 핀(SCL)	IO3
4번 핀(SDA)	IO2

[자료 출처]

- http://deneb21.tistory.com/388 [Do It Yourself!]

10-1-2 기압계 센서 회로도

기압계 센서는 I2C 통신을 이용하여 아두이노에서 값을 읽어와 처리한다. I2C 통신은 아두이노 보드의 D2와 D3 핀에 연결되어 있다.

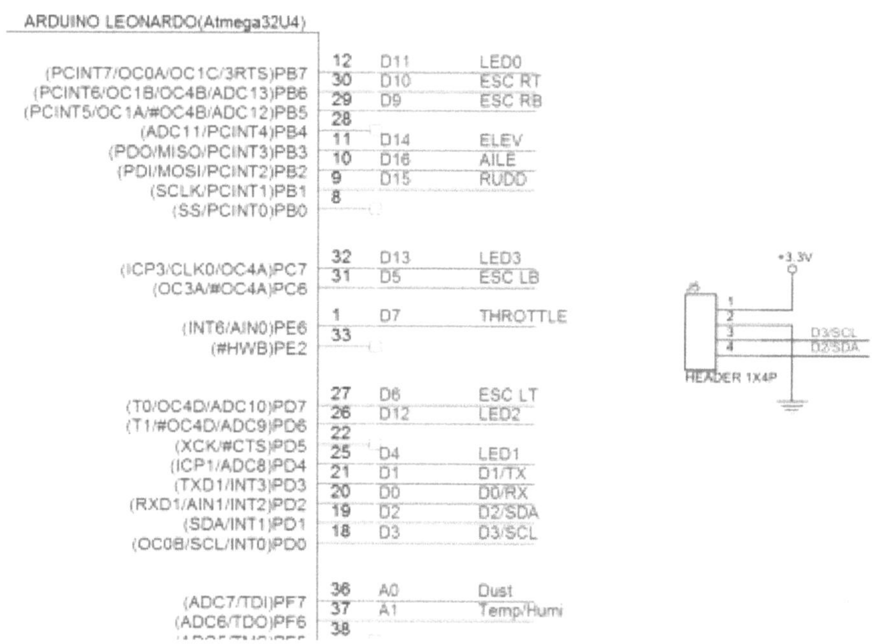

[그림 10-3]기압계 센서 회로도

실제 아두이노 보드의 D2와 D3핀은 아래 그림과 같이 우측에 위치해 있으며, 핀 번호 앞의 알파벳 'D'는 Digital 핀을 의미한다.(드론 연결 보드에는 아두이노 보드와 동일하게 핀 번호 및 기능들이 인쇄되어 있다.)

[그림 10-4] 실제 아두이노 보드 연결 포트

10-1-3 라이브러리

본 실습에서는 기압계 센서의 측정을 위하여 'Adafruit_BMP085_U' 라이브러리를 사용하며 주로 사용하는 함수의 내용은 아래와 같다.

- bmp.begin()

  압력 센서를 초기화하는 함수이다. 호출시 I2C 통신을 위한 센서의 초기화 설정이 이루어진다.

- bmp.getEvent()

  압력 센서 값을 읽어오는 함수이다. 호출시 압력 센서의 값을 변수에 저장하고 리턴한다.

- bmp.getPressure(pressure)

  압력 값을 읽어오는 함수이다. 압력 값을 kPa 단위로 가져온다.

10-2 실습하기

기압계 센서 값을 측정하여 시리얼 모니터로 출력한다.

10-2-1 준비물

- DRONE BASIC TRAINER
- ARDUINO Sketch
- USB Cable

10-2-2 소스 코드

09_Pressure_Sensor\Pressure_Sensor_01\Pressure_Sensor_01.ino

기압계 센서 값 측정을 위해 'Adafruit_BMP085_U' 라이브러리와 'Adafruit_Sensor' 라이브러리 파일을 포함한다.

```
#include <Wire.h>
#include <Adafruit_Sensor.h>
#include <Adafruit_BMP085_U.h>

Adafruit_BMP085_Unified bmp = Adafruit_BMP085_Unified(10085);
```

'setup()' 함수이다.

- 'Serial.begin()' 함수로 시리얼 모니터를 초기화한다.
- 'bmp.begin()' 함수를 사용하여 기압계 센서를 초기화한다.(함수에 대한 설명은 교재 마지막장 부록에서 'Adafruit_BMP085_U 라이브러리'에 자세히 설명되어 있다.)

```
void setup()
{
  Serial.begin(9600);

  bmp.begin();
}
```

'loop()'함수에서는 기압계 센서 데이터를 읽어오기 위한 객체를 선언하고, 'bmp.getEvent()' 함수를 이용하여 센서 데이터를 읽어온다.(함수에 대한 설명은 교재 마지막장 부록에서 'Adafruit_BMP085_U 라이브러리'에 자세히 설명되어 있다.)

```
void loop()
{
  sensors_event_t event; //센서 데이터를 받기 위한 변수를 선언한다.
  bmp.getEvent(&event); //기압계에서 센서데이터를 받아오고, event 변수에 저장한다.
```

센서 값이 입력되면 시리얼 모니터에 기압 값을 출력한다.

```
  if (event.pressure) //만약 정상적으로 읽어서 기압 변수에 값이 입력되어있다면
  {
    Serial.print("Pressure:    ");
    Serial.print(event.pressure); //기압을 출력한다.
    Serial.println(" hPa");
```

그리고 고도 값 산출을 위해 해면 기압을 입력한다. 해면 기압은 날씨, 환경에 따라 달라지며 같은 장소라도 매 시간마다 바뀌기 때문에 기상청 홈페이지에서 해면 기압정보를 참고하여 입력한다.

기상청 홈페이지(http://www.kma.go.kr/weather/observation/currentweather.jsp)에 접속하면 계측된 해면 기압을 확인할 수 있다. 현재 기록된 값은 서울의 해면 기압을 기준으로 작성하였다.

지점	날씨				기온(℃)			강수			바람		기압 (hPa)
	현재일기	시정 km	운량 1/10	중하운량	현재 기온	이슬점 온도	체감 온도	일강수 mm	적설 cm	습도 %	풍향	풍속 m/s	해면 기압
서울		9.3		9	-1.6	-4.2	-1.6	0.2	2.3	82	정온	0.4	1029.9
백령도		20 이상		1	-0.3	-5.6	-2.4	0.0		67	북북서	1.7	1031.0
인천		2.0		0	-1.4	-2.2	-5.8	0.1		94	북북동	3.7	1029.7
수원		2.5			-0.1	-0.1	-0.1	1.1		100	남남서	0.9	1030.0
동두천		2.7			-2.1	-3.9	-2.1	1.4	7.2	87	정온	0.3	1030.3

```
  float seaLevelPressure = 1029.9; //해면 기압으로, 기상청의 현재 기압정보를 입력한다.
```

해면 기압을 기준으로 계산된 고도 값을 시리얼 모니터에 출력한다.

```
      Serial.print("Altitude:       ");
      Serial.print(bmp.pressureToAltitude(seaLevelPressure,event.pressure)); //고도 값을 산출한다.
      Serial.println(" m");
      Serial.println();
    }
    delay(100);
}
```

10-2-3 컴파일 및 업로드

① 아두이노 프로그램에서 확인(✔) 아이콘을 클릭하여 컴파일이 수행되는 것이 하단의 Build 창에 보이는 것을 확인할 수 있다.

② 장비와 같이 제공되는 USB Cable을 이용하여 아두이노에 업로드 한다. 아래와 같이 장비와 USB Cable을 연결한다.

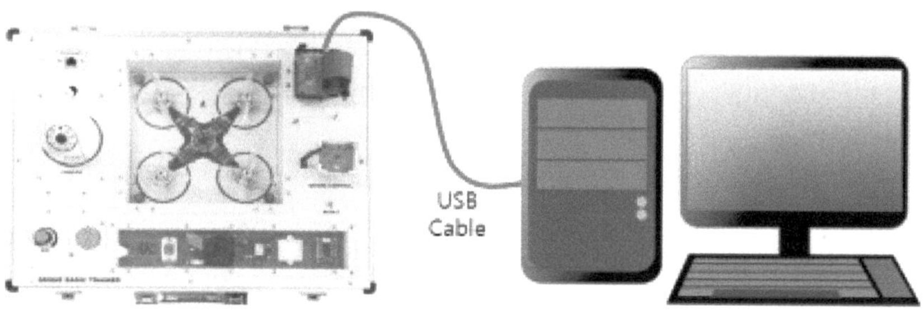

[그림 10-5] PC와 장비 연결

③ '툴'을 선택하여 아두이노 보드의 종류와 연결된 COM 포트를 각각 선택한다.

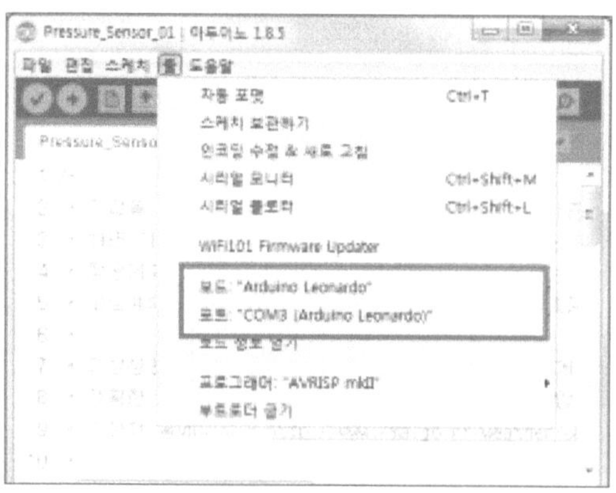

[그림 10-6] 컴포트 선택

④ 아두이노 프로그램에서 업로드( ) 아이콘을 클릭하여 아두이노에 업로드한다.

⑤ 시리얼 모니터를 실행한다.

[그림 10-7] 시리얼 모니터 실행

10-2-4 결과 확인

송풍기를 OFF 시킨 상태에서 현재 기압과 고도를 측정하고, 송풍기를 ON 시킨 상태에서 현재 기압과 고도를 측정한다. 두 결과를 비교하면 기압이 높으면 고도가 낮아지는 것을 확인할 수 있다.

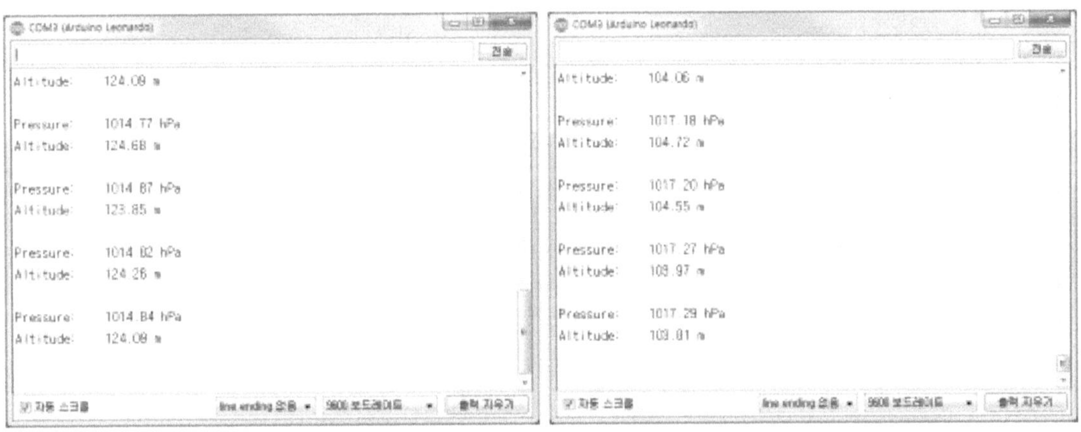

[그림 10-8] 센서 결과 값 출력

10-3 활동 과제

현재 기압과 고도를 측정하여 기준 고도를 설정한 후 기준 고도보다 낮으면 위로 상승/기준 고도보다 높으면 아래로 하강하도록 제어하는 펌웨어를 작성한다.(송풍기를 조절하여 기압을 변화시켜 본다)

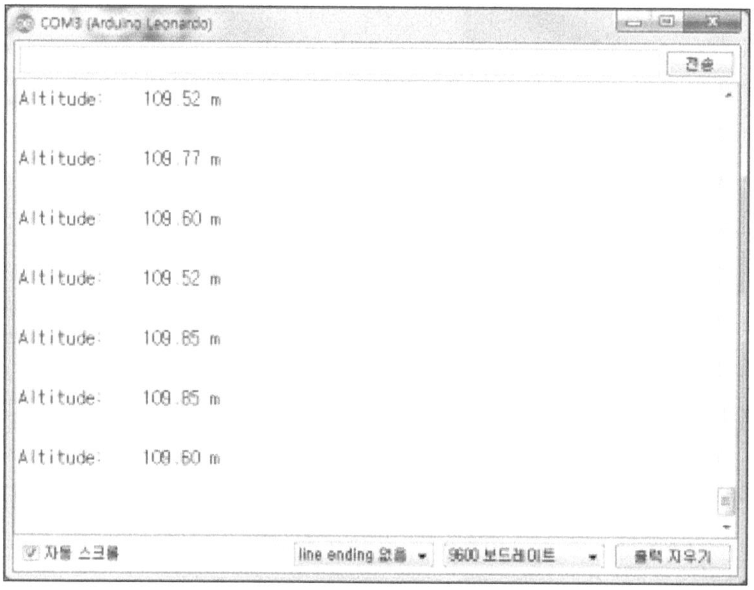

[그림 10-9] 장비 동작 확인

[그림 10-10] 장비 동작 확인

CH.11

PID 제어를 이용한 드론 모터 회전

이 장의 학습목표

▶ PID 제어를 이해하고 비교할 수 있다.

▶ P, PI, PID 제어에 따라 모터를 회전시키고 동작을 비교할 수 있다.

11-1 준비하기

11-1-1 제어란

대상이 되는 물체를 측정하여 필요한 목표치가 되도록 조작하는 것을 제어라고 한다.

제어 대상을 제어하는데 변화는 결과를 제어 결과라고 한다. 제어의 주요 목적은 어떻게 제어 결과를 이상적인 응답에 가까이 가도록 하는가에 있다.

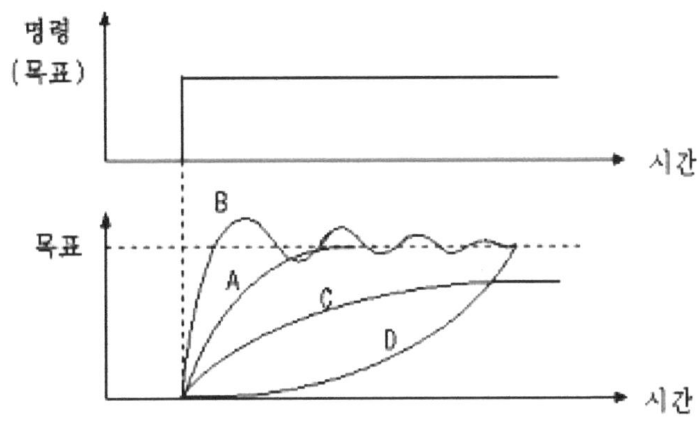

[그림 11-1] 제어 그래프

예를 들어, 온도 제어의 목표는 목표 온도에 온도가 충분히 도달하는데 있다. 제어부에 응답되는 온도를 제어하게 되는데 실질적으로 제어 대상, 온도 검출부, 조작부 등에서 단계별로 지나오기 때문에 오버슈트 또는 사이클링 등이 발생한다[그림 11-2(A)].

제어 결과를 좋게 하기 위하여 제어 온도를 조금씩 조작하게 되면 목표 온도까지 도달하는데 걸리는 시간이 길어지고([그림 11-2(B)], 제어 온도를 급하게 제어하게 되면 목표 온도에서 온도 변화가 심하게 된다[그림 11-2(C)].

어떤 것이 좋은 제어 결과인지는 제어 대상의 용도나 목적에 따라 달라지겠지만 일반적으로는 [그림 11-2(D)]와 같이 빠르게 목표에 도달하고, 진동이 적은 것이 좋은 그래프라고 할 수 있다.

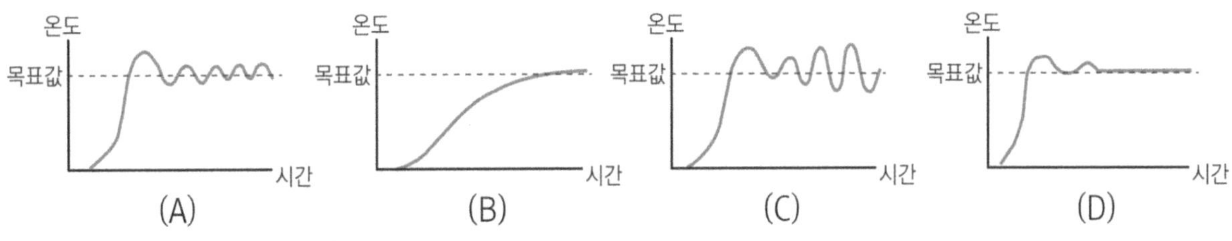

[그림 11-2] 응답 그래프

11-1-2 P 제어

비례 제어는 설정 값과 측정값의 편차의 크기에 비례하게 출력을 제어한다. 설정 값 중심에 비례 기준을 만들어서 측정값이 비례 기준 안에 들어오면 조금씩 조작을 한다.

측정치는 비례 기준 안에서 평균을 찾아 안정되어가지만, 설정 값과 측정값이 일치하지는 않는다. 이때, 설정 값과 측정값의 편차를 오프셋이라고 한다.

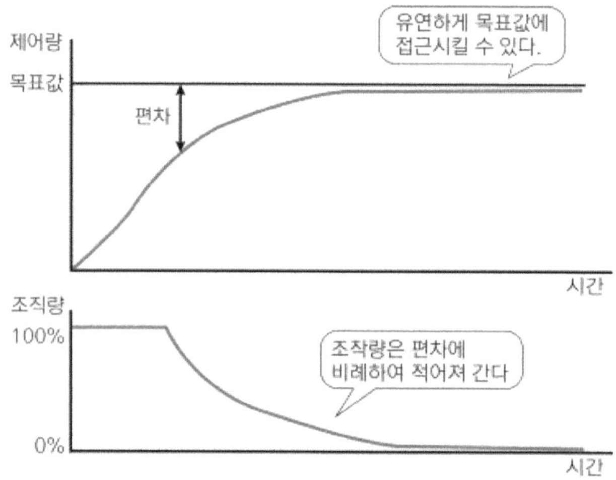

[그림 11-3] 비례 제어의 특성

11-1-3 PI 제어

비례 제어로는 제어량이 목표 값에 접근하면서 문제가 발생한다. 조작량이 너무 작아지고 미세하게 제어할 수 없는 상태가 발생한다. 그러므로 결과는 목표 값에 아주 가까운 제어 상태에서 안정된 상태로 유지하게 된다. 이 잔류 편차를 없애기 위하여 적분 제어를 함께 사용한다.

잔류편차를 시간으로 누적하여 일정 크기에서 조작량을 증가시켜 편차를 줄이는 방법으로 동작시키는 것이다. 이와 같이, 비례 제어에 적분 제어를 추가한 제어를 PI 제어라고 한다.

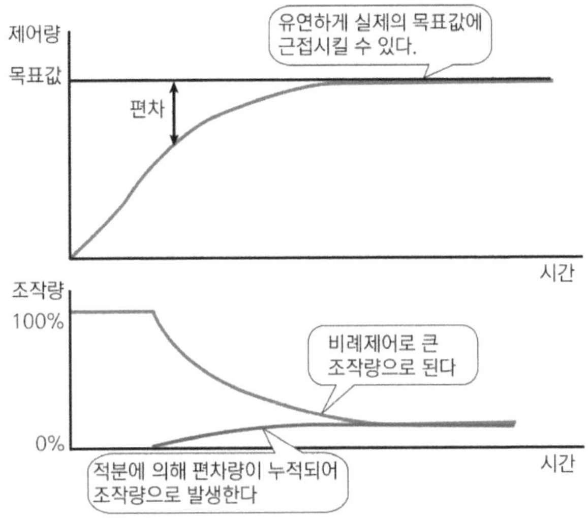

[그림 11-4] PI 제어 그래프

11-1-4 PID 제어

PI 제어로 실제 목표 값에 완벽하게 제어할 수 있으나 제어 응답 속도에서 문제가 발생한다. PI 제어에서는 목표 값까지 제어하는데 일정한 시간(시정수)가 필요로 한다. 이때, 정수가 크면 외란이 있을 때의 응답 성능이 나빠진다. 외란에 대하여 신속하게 반응할 수 없게 되어 목표 값으로 돌아갈 수 없게 된다.

PI 제어의 단점을 보완하고자 미분 제어를 사용한다. 미분 제어는 급격히 발생하는 외린에 대해 편차를 보고, 앞의 편차와의 차가 큰 경우에는 조작량을 많이 하여 바로 반응하도록 한다.

그래프에서 알 수 있듯이 처음에는 빠르게 목표 값 근처까지 도달한 뒤 목표 값이 되도록 제어해 간다.

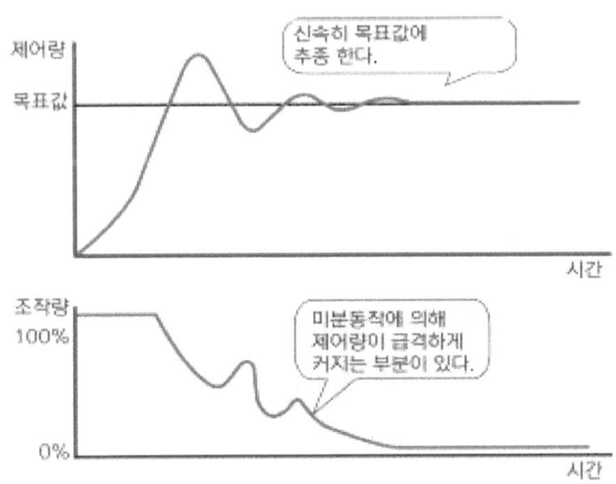

[그림 11-5] PID 제어 그래프

11-2 실습하기

모터 회전에 P 제어를 이용하여 동작 변화를 확인한다.

11-2-1 준비물

- DRONE BASIC TRAINER
- ARDUINO Sketch
- USB Cable

11-2-2 소스 코드

10_PID_Motor_Control\PID_Motor_Control_01\PID_Motor_Control_01.ino

드론의 모터 제어를 위해 'DroneMotorControl' 라이브러리의 파일을 포함한다.

```
#include <DroneMotorControl.h>
```

P제어를 위해 필요한 변수를 선언한다.

- Kp : P 제어 상수 값을 선언하고 기본값을 0.8을 저장한다.
- throttle : 모터 출력변수이며, 1000의 출력값을 저장한다.
- goalValue : 목표 값을 저장하는 변수이며, 1000의 값을 저장한다.
- output : 모터 출력 보정값이 저장되는 변수이다.
- currValue : 현재 기울기 값이 저장되는 변수이다.
- pterm : 비례항이 저장되는 변수이다.
- prevCount : 이전 시간이 저장되는 변수이다.
- currCount : 현재 시간이 저장되는 변수이다.

```
const float Kp = 0.8;

const int throttle = 1100; //수평 상태에서의 기본 파워
const float goalValue = 1000;
float output = 0;
float currValue = 0;

float pterm = 0;
unsigned long prevCount = 0;
unsigned long currCount = 0;
```

'setup()' 함수이다.

- 시리얼 모니터 사용을 위해 통신 속도를 설정한다.
- 3초 후 드론 모터 초기화를 위해 'DroneMotorControl.initMotors()' 함수를 호출한다.
- 모터를 1초간 정지시킨다.
- 3번 모터를 기본파워(throttle) 값으로 2초간 동작시킨다.

```
  void setup()
{
  Serial.begin(9600);

  delay(3000);
  DroneMotorControl.initMotors(1);

  DroneMotorControl.writeAllMotors(STOP_MOTOR);
  delay(1000);

  DroneMotorControl.motor[3] = throttle;
  DroneMotorControl.writeMotors();
  delay(2000);

  prevCount = millis();
}
```

'loop()' 함수에서는 P(비례항) 값을 산출한다.

- 에러율을 저장할 변수 'error'을 선언한다.
- 현재 시간이 저장되는 변수 'currCount'에 'millis()' 함수를 호출하여 현재 시간을 갱신한다.
- 'error' 변수에 목표 수치에 현재 수치를 뺀 값을 저장하여 에러율을 구한다.
- P제어 상수와 에러율을 곱하여 산출한 비례항의 값을 'pterm' 변수에 저장한다.

```
void loop()
{
  float error;
  currCount = millis();

  error = goalValue - currValue;
  pterm = Kp * error; //현재 수치와 목표 수치를 뺀 에러율 계산
```

- 모터 출력 보정 값이 저장되는 'output' 변수에 비례항 값을 저장한다. '/10'을 계산하는 이유는 시리얼 플로터에 출력되는 그래프의 최대, 최소값의 폭을 줄이기 위해서이다.
- 'currValue' 변수에는 현재 값에 출력 보정 값을 더하여 갱신한다.
- 모터의 기본 출력 값이 저장된 'throttle' 변수에 모터 출력 보정값이 저장된 'output' 변수를 더하여 산출된 값으로 3번 모터를 제어한다.

```
  output = pterm/10;
  currValue += (output);

  DroneMotorControl.motor[3] = throttle + (output);
  DroneMotorControl.writeMotors();
```

- 시리얼 모니터에 목표 값, 현재 값, 모터 출력 보정 값을 각각 출력한다.
- 15초 간격으로 동작을 초기화한다.

```
    Serial.print(goalValue/10);
    Serial.print(",");
    Serial.print(currValue/10);
    Serial.print(",");
    Serial.println(output);
    delay(50);

    if( (currCount - prevCount) > 15000) //만약 15초가 경과되었으면
    {
      currValue = 0;
      prevCount = currCount;
    }
}
```

11-2-3 컴파일 및 업로드

① 아두이노 프로그램에서 확인(✓) 아이콘을 클릭하여 컴파일이 수행되는 것이 하단의 Build 창에 보이는 것을 확인할 수 있다.

② 장비와 같이 제공되는 USB Cable을 이용하여 아두이노에 업로드 한다. 아래와 같이 장비와 USB Cable을 연결한다.

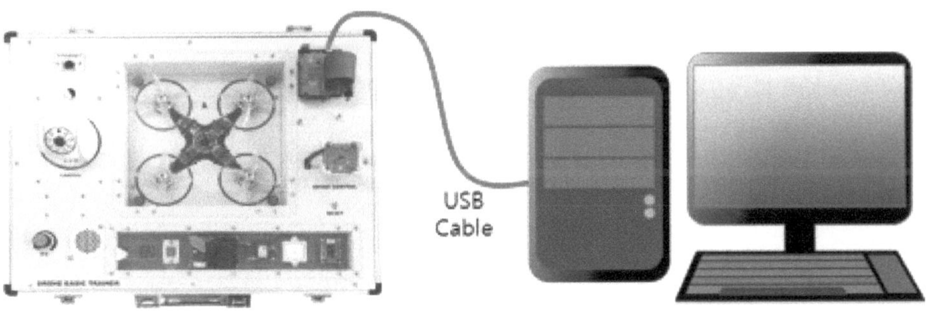

[그림 11-6] PC와 장비 연결

③ '툴'을 선택하여 아두이노 보드의 종류와 연결된 COM 포트를 각각 선택한다.

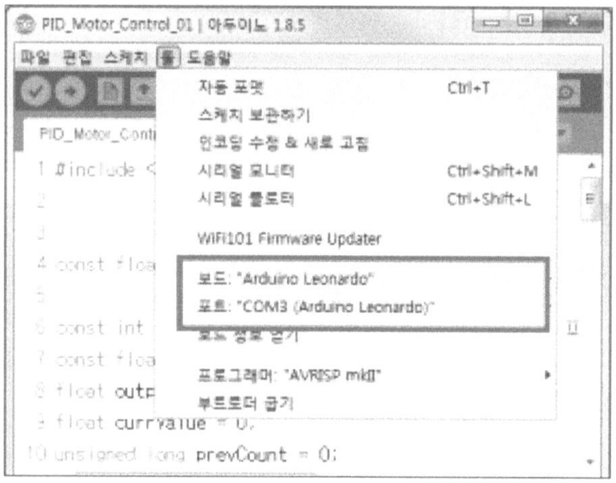

[그림 11-7] 컴포트 선택

④ 아두이노 프로그램에서 업로드( ) 아이콘을 클릭하여 아두이노에 업로드한다.

⑤ 시리얼 플로터를 실행한다.

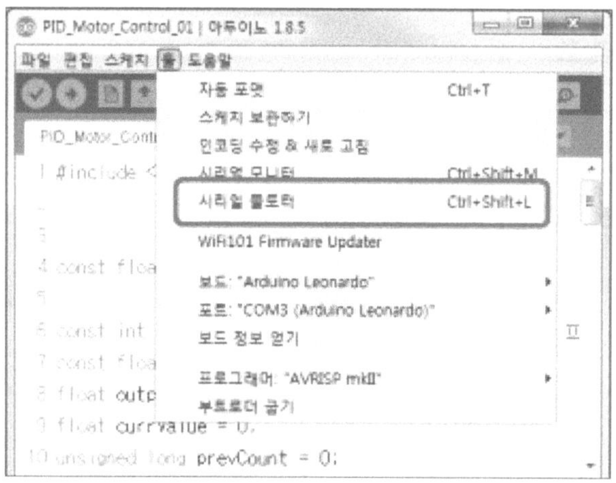

[그림 11-8] 시리얼 플로터 실행

11-2-4 결과 확인

전자변속기(ESC) 튜닝을 먼저 시작하고, 전자변속기(ESC) 튜닝이 끝나면 왼쪽 상단 모터가 P제어를 반영하여 동작한다. 또한 시리얼 플로터로 모터 회전 값이 출력되는 것을 확인할 수 있다.

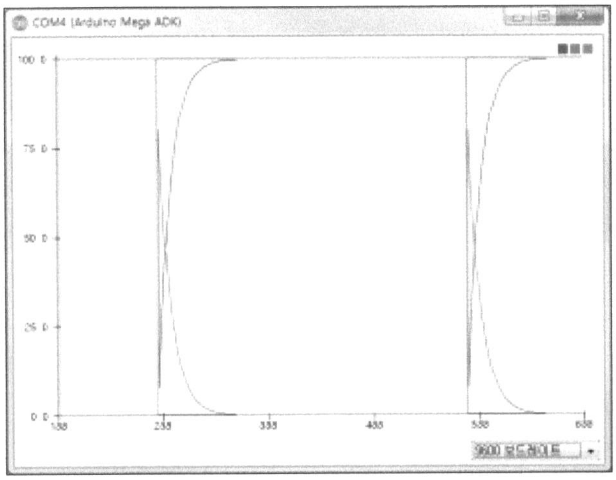

[그림 11-9] P제어 동작 출력

11-3 활동 과제

1. PI 제어를 이용하여 모터 회전의 변화를 확인하고 시리얼 플로터로 출력하는 펌웨어를 작성한다.

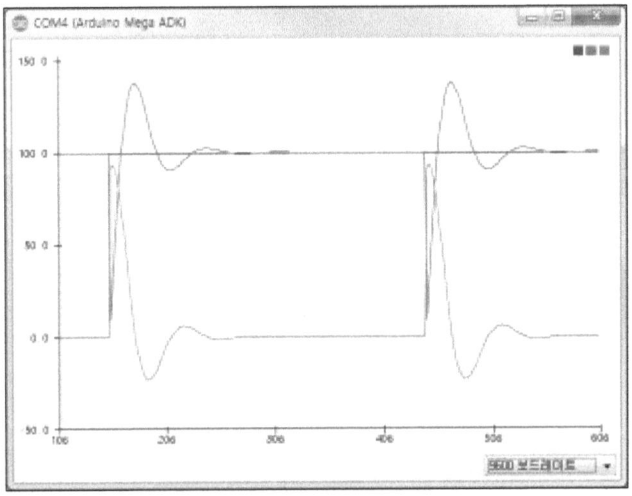

[그림 11-10] PI제어 동작 출력

2. PID 제어를 이용하여 모터 회전의 변화를 확인하고 시리얼 플로터로 출력하는 펌웨어를 작성한다.

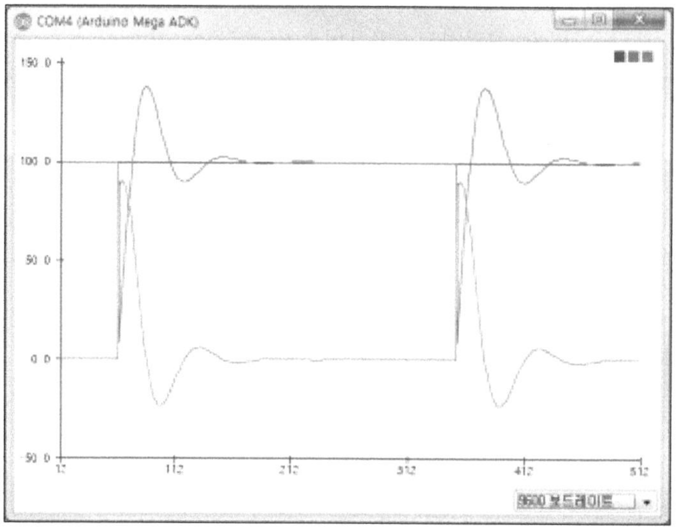

[그림 11-11] PID 제어 동작 출력

CH.12

PID 제어를 이용한 드론 제어

이 장의 학습목표

- ▶ PID 제어를 이용하여 Roll, Pitch, Yaw 값을 모니터링 할 수 있다.
- ▶ PID 제어를 이용하여 드론의 수평 제어를 할 수 있다.

12-1 준비하기

12-1-1 비례항(P)

비례항은 오차에 따라 출력을 바꾼다. 간단한 비례 제어기는 제어 매개변수 하나만 있다. 이 매개변수를 변경함에 따라 제어기는 변화에 크게 또는 작게 반응할 수 있다.

비례항은 다음과 같이 나타낸다.

$$P = K_p \times e$$

P 제어기 출력(Output)은 다음과 같다.

$$P_{OUT} = K_p \times e$$

다음은 K_p 매개변수의 크기에 따른 비례항 응답 곡선을 나타낸다.

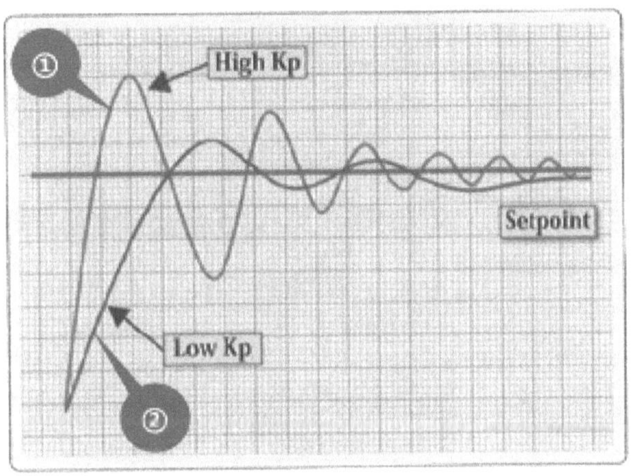

[그림 12-1] P 응답 곡선

응답 곡선이란 시간에 대한 출력 값(Output) 자취 곡선을 말한다. 위의 그림에서 파형①은 높은 K_p값에 대한 시스템의 응답 곡선이다. K_p값이 크면 시스템은 더 빨리 설정 점(Setpoint)에 도달한다. 그러나 동시에 시스템은 불안정한 상태가 되고 설정 점 근처에서 진동하게 된다. 파형②는 낮은 K_p값에 대한 시스템의 응답 곡선이다. K_p 값이 작으면 시스템은 더 늦게 설정 점에 도달한다. 그러나 몇 번의 진동 후 시스템은 설정 점 아래에서 일정한 오차를 가지며 안정된 상태가 된다. 시스템이 마지막 위치에 닿는데 필요한 충분한 힘을 출력(Output)이 공급하지 못하기 때문이다.

12-1-2 적분항(I)

비례 시스템은 대개 오차를 제거하기에 충분하지 않다. 시스템은 현재 오차에 따라 출력을 바꿀 뿐만 아니라, 지금까지의 누적 오차에 따라 출력을 보고 바꿀 수 있어야 한다. 적분항은 시간에 걸친 오차의 합을 말한다. 오차가 클 경우 적분항에 의해 시간이 지나면서 오차의 합이 쌓이며 출력은 빠르게 변해 오차를 제거하게 된다.

적분항은 다음과 같이 나타낸다.

$$I = K_i \times \int e$$

다음은 낮은 K_p와 K_i 매개변수의 크기에 따른 PI 응답 곡선을 나타낸다.

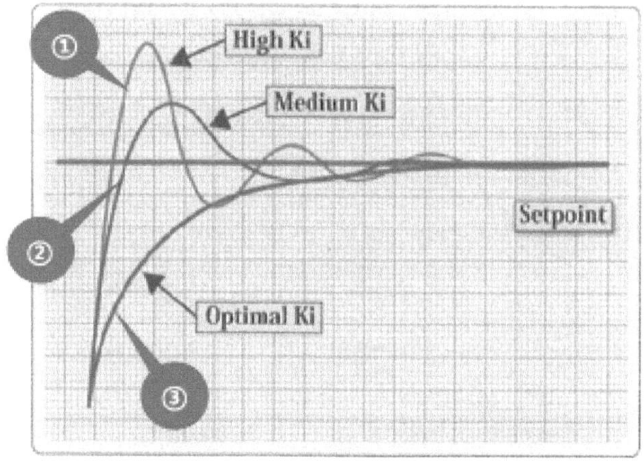

[그림 12-2] PI 응답 곡선

이 그림은 이전 그림의 낮은 K_p의 응답곡선에 적분 항을 더해 얻은 PI 응답 곡선이다. 그림에서 파형①은 (낮은 K_p + 높은 K_i) 값에 대한 시스템의 응답 곡선이다. K_i 값이 크면 시스템은 더 빠르게 설정 점에 도착한다. 그러나 파형의 상승부도 크다. 그러나 순수한 비례 시스템과는 달리, 높은 파형 상승부가 있더라도, 시스템은 불안정한 상태로 남지 않는다. 몇 번의 진동 후, 시스템은 설정 점에 붙어 안정된다. 파형②는 중간 K_i 값에 대한 시스템의 응답 곡선이다. 이 경우 시스템은 더 늦게 설정 점에 도착한다. 그러나 시스템은 적은 진동과 함께 훨씬 더 빨리 안정된다. 파형③은 최적의 K_i 값에 대한 시스템의 응답 곡선이다. 이 경우 시스템은 아주 늦게 설정 점에 도착하지만 거의 진동 없이 설정 점에 도착해 안정된다.

PI 제어기 출력은 다음과 같이 나타낸다.

$$P_{OUT} = K_p \times e + K_i \times \int e$$

12-1-3 미분항(D)

마지막 항은 미분항이다. 이 항은 오차 변화율을 계산하고 그 결과를 출력에 더한다. 만약 오차의 변화가 크지 않다면 미분 항의 값은 작으며 출력에 영향을 크게 미치지 않는다. 그러나 오차가 갑작스레 크게 변한다면 시스템의 진동을 피하기 위해 미분항의 값은 커진다.

미분항을 나타내는 식은 다음과 같다.

$$D = K_d \times (e_n - e_{n-1})$$

PID 제어기 출력은 다음과 같다.

$$P_{OUT} = K_p \times e + K_i \times \int e + K_d \times (e_n - e_{n-1})$$

[자료 출처]

- '아두이노 드론 만들고 직접 코딩하기', 서민우 지음, 앤써북 출판사

12-2 실습하기

가속도/자이로 센서 변화에 따른 PID 출력 값을 모니터링 한다.

12-2-1 준비물

- DRONE BASIC TRAINER
- ARDUINO Sketch
- USB Cable

12-2-2 소스 코드

11_PID_Drone_Control\PID_Drone_Control_01\PID_Drone_Control_01.ino

드론의 가속도/자이로 센서 값 측정을 위해 'DroneIMU' 라이브러리의 파일을 포함한다.

```
#include <DroneIMU.h>
```

센서 값을 읽어오는 루프 타입을 2800으로 설정한다. 시간 단위는 마이크로초(us) 단위이며, 'loop()' 구문에서 가속도/자이로 센서 값을 읽는 주기 계산에 사용한다.

```
#define LOOP_TIME 2800 //센서를 읽는 루프타임(usec 단위)

uint32_t currentTime = 0;
uint16_t previousTime = 0;
uint16_t cycleTime = 0;        // this is the number in micro second to achieve a full loop,
```

센서 값을 읽는 과정에서 사용할 시간 계산 변수를 선언한다. 순차적으로 현재 시간, 이전 시간, 프로그램 구동 시간의 값이 저장된다.

```
uint32_t currentTime = 0;
uint16_t previousTime = 0;
uint16_t cycleTime = 0;
```

PID 계산을 위한 변수를 선언한다.

- dt : 센서 입력 주기 값 저장
- filtered_angle_x : Roll의 현재 기울기 값이 저장되는 변수
- filtered_angle_y : Pitch의 현재 기울기 값이 저장되는 변수
- filtered_angle_z : Yaw의 현재 기울기 값이 저장되는 변수
- roll_output, pitch_output, yaw_output : 각각의 모터 출력 보정 값이 저장되는 변수

```
float dt;
float filtered_angle_x, filtered_angle_y, filtered_angle_z;
extern float roll_output, pitch_output, yaw_output;
```

ROLL, PITCH, YAW의 PID 계산을 위한 상수를 선언한다. 선언되는 함수는 PID 제어가 적절히 이루어지도록 하는 상수 값이며, 각각의 상수마다 기능을 담당한다.

- P 상수 값 : 목표치에 가는 정도를 결정하는 상수
- I 상수 값 : 목표치에 대한 정확도를 결정하는 상수
- D 상수 값 : 목표치에 대한 속도를 결정하는 상수

```
//////////  각 축(Roll, Pitch, Yaw)의 PID 상수(Gain) 정의  /////////////
float roll_kp = 3;
float roll_ki = 0.005;
float roll_kd = 0.0025;

float pitch_kp = 3;
float pitch_ki = 0.005;
float pitch_kd = 0.0025;

float yaw_kp = 1.0;
float yaw_ki = 0.0;
float yaw_kd = 0.0;
```

'setup()' 함수이다.

- 시리얼 모니터 사용을 위해 통신 속도를 설정한다.
- 'DroneIMU.initIMU()' 함수를 사용하여 IMU와의 통신을 초기화한다.
- 'initDT()' 함수를 사용하여 시간 간격을 초기화 한다.
- 이전 시간 값이 저장되는 'previousTime' 변수에 'micros()' 함수를 적용하여 시간을 계산한다.

```
void setup()
{
  Serial.begin(9600);

  DroneIMU.initIMU();
  delay(1000);

  initDT();
  previousTime = micros();
}
```

'loop()' 함수이다.

- 'currentTime'에 현재의 시간을 알려준다.
- 'cycleTime'에 현재 시간과 이전 시간과의 시간차를 저장한다.
- 'LOOP_TIME'은 2800으로 정의되어 있으므로 'cycleTime'이 'LOOP_TIME'보다 같거나 크면 break에 의하여 while()문을 강제로 빠져 나온다.
- 현재의 시간을 다시 'previousTime'에 저장시킨다.

```
void loop()
{
  while (1)
  {
    currentTime = micros();
    cycleTime = currentTime - previousTime;

    if (cycleTime >= LOOP_TIME) break;
  }
  previousTime = currentTime;
```

- 'calcDT()' 함수로 시간 변화를 계산한다.
- 'DroneIMU.computeIMU()' 함수로 가속도/자이로 센서 값을 읽어온다.
- 가속도/자이로 센서 값으로 ROLL, PITCH, YAW의 현재 기울기 값을 구한다. 시리얼 플로터에 출력 되는 현재 기울기의 값의 최대, 최소값의 출력 폭을 줄여주기 위하여 10을 나누어준다.

```
  calcDT(); //시간 변화를 계산한다.
  DroneIMU.computeIMU(); //가속도, 자이로 값을 받아온다.
  filtered_angle_x = DroneIMU.att.angle[PITCH]/10;
  filtered_angle_y = DroneIMU.att.angle[ROLL]/10;
  filtered_angle_z = DroneIMU.att.angle[YAW]/10;
```

- 'calcYPRtoStdPID()' 함수를 이용해 앞에서 구한 ROLL, PITCH, YAW의 각을 이용해 PID 출력값을 구한다.
- 계산된 Roll, Pitch, Yaw의 값을 각각 시리얼 모니터에 출력한다.

```
  calcYPRtoStdPID();

  static uint16_t cycleCount;
  if (++cycleCount >= 10)
  {
      cycleCount = 0;

      // Roll
      Serial.print(roll_output);
      Serial.print(", ");

      // Pitch
      Serial.print(pitch_output);
      Serial.print(", ");

      // Yaw
      Serial.print(yaw_output);
      Serial.println();
  }
}
```

'initDT()'는 시간 간격에 대한 초기화 함수이고, 'calcDT()'는 시간 간격을 계산하는 함수이다. 두 함수를 통하여 적분항(I)과 미분항(D) 값 계산에 사용하는 '센서 입력 주기(dt)' 변수의 값을 산출한다.

- 현재 시간 값과 이전 시간 값을 저장할 변수를 선언한다.
- 'initDT()' 함수에서 이전 시간 값 변수의 시간을 갱신한다.
- 'calcDT()' 함수에서는 '현재 시간 값 - 이전 시간 값 /1000000.0' 으로 계산하여 '센서 입력 주기' 값을 산출한다. 이때 1000000.0의 시간으로 나누어 주는 이유는 계산단위를 1초로 맞추어 주기 위해서이다.

```
unsigned long t_now;
unsigned long t_prev;

void initDT()
{
  t_prev = micros();
}


void calcDT()
{
  t_now = micros();
  dt = (t_now - t_prev)/1000000.0;
  t_prev = t_now;
}
```

'stdPID()' 함수는 PID 제어기를 구현한다. 함수 호출시 순서대로 목표 값(setpoint), 현재 기울기 값(input), 과거 기울기 값(prev_input), P상수(kp), I상수(ki), D상수(kd), 적분항(iterm), 출력 보정 값(output)을 인자로 받아온다.

- PID 제어 값 계산을 위하여 필요한 변수 에러율(error), 현재 오차 값(dInput), 비례항(pterm), 미분항(dterm)을 선언한다.

```
void stdPID( float& setpoint, float& input, float& prev_input,
             float& kp,       float& ki,    float& kd,
             float& iterm,    float& output)
{
  float error;
  float dInput;
  float pterm, dterm;
```

- PID 제어 값 계산을 위하여 에러율(error), 현재 오차 값(dInput)의 값을 산출하여 변수에 각각 저장한다.
- 'loop()' 함수 재실행시 계산에 적용하기 위하여 과거 기울기 값을 현재 기울기 값으로 설정한다.

```
error = setpoint - input;
dInput = input - prev_input;
prev_input = input;
```

- PID 값을 산출하는 내용은 다음과 같다.
  ▷ P(비례항) : P 상수 값 * 에러율로 계산하여 산출
  ▷ I(적분항) : I 상수 값 * 에러율 * 센서 입력 주기로 계산하여 산출
  (기존 적분항 값에 계산된 적분항 값을 누적시켜 계산하는 형태)
  ▷ D(미분항) : D 상수 값 * 현재 오차 값 / 센서 입력 주기로 계산하여 산출
  (미분항 계산시 상수 값을 음수로 설정하는 이유는 기존 PI 제어량에서 D 제어량을 빼주어야 함으로 음수로 설정)

```
pterm  =  kp * error;
iterm +=  ki * error * dt;
dterm  = -kd * dInput / dt;
```

- 계산된 PID 값으로 모터 출력 보정 값을 산출한다. 출력 보정 값 계산 과정에서 '-1'을 곱하는 이유는 현재 기울어진 방향의 반대 방향 모터에 출력을 적용하여 수평에 도달 하도록 제어하기 위함이다.

```
  output = ((pterm + iterm + dterm) * -1);
}
```

'calcYPRtoStdPID()' 함수는 ROLL, PITCH, YAW 각을 이용해 PID 출력 값을 구한다.

- 'stdPID' 함수를 세 번 호출하여 ROLL, PITCH, YAW에 대한 출력 값을 얻는다. 함수 호출시 목표 값, 현재 기울기 값, 이전 기울기 값, P 상수, I 상수, D 상수, 적분항, 모터 출력 보정 값을 인자로 전달한다.

```
void calcYPRtoStdPID()
{
   stdPID( roll_target_angle,
           filtered_angle_y,
           roll_prev_angle,
           (float&)roll_kp,
           (float&)roll_ki,
           (float&)roll_kd,
           roll_iterm,
           roll_output);
   stdPID( pitch_target_angle,
           filtered_angle_x,
           pitch_prev_angle,
           (float&)pitch_kp,
           (float&)pitch_ki,
           (float&)pitch_kd,
           pitch_iterm,
           pitch_output);
   stdPID( yaw_target_angle,
           filtered_angle_z,
           yaw_prev_angle,
           (float&)yaw_kp,
           (float&)yaw_ki,
           (float&)yaw_kd,
           yaw_iterm,
           yaw_output);
}
```

12-2-3 컴파일 및 업로드

① 아두이노 프로그램에서 확인( ) 아이콘을 클릭하여 컴파일이 수행되는 것이 하단의 Build 창에 보이는 것을 확인할 수 있다.

② 장비와 같이 제공되는 USB Cable을 이용하여 아두이노에 업로드 한다. 아래와 같이 장비와 USB Cable을 연결한다.

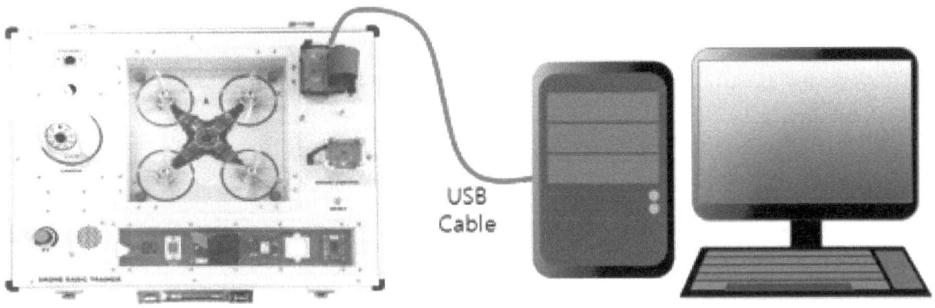

[그림 12-3] PC와 장비 연결

3. '툴'을 선택하여 아두이노 보드의 종류와 연결된 COM 포트를 각각 선택한다.

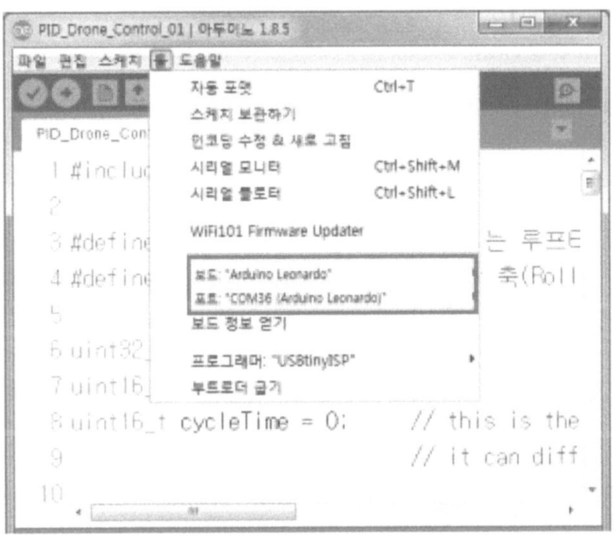

[그림 12-4] 컴포트 선택

4. 아두이노 프로그램에서 업로드( ) 아이콘을 클릭하여 아두이노에 업로드한다.

5. 시리얼 플로터를 실행한다.

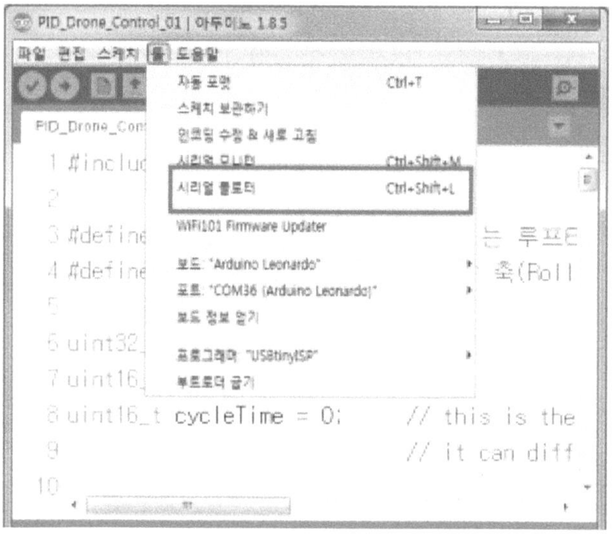

[그림 12-5] 시리얼 플로터 실행

12-2-4 결과 확인

가속도 자이로 센서는 드론의 가속도/자이로 센서 보드에 부착되어 있으므로, 보드를 좌/우/위/아래로 움직인다.

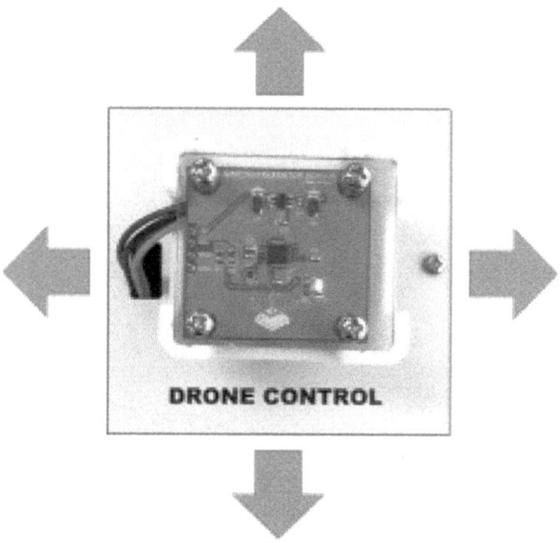

[그림 12-6] 센서 보드 제어

시리얼 플로터에 변경되는 센서 값이 출력되는 것을 확인할 수 있다.

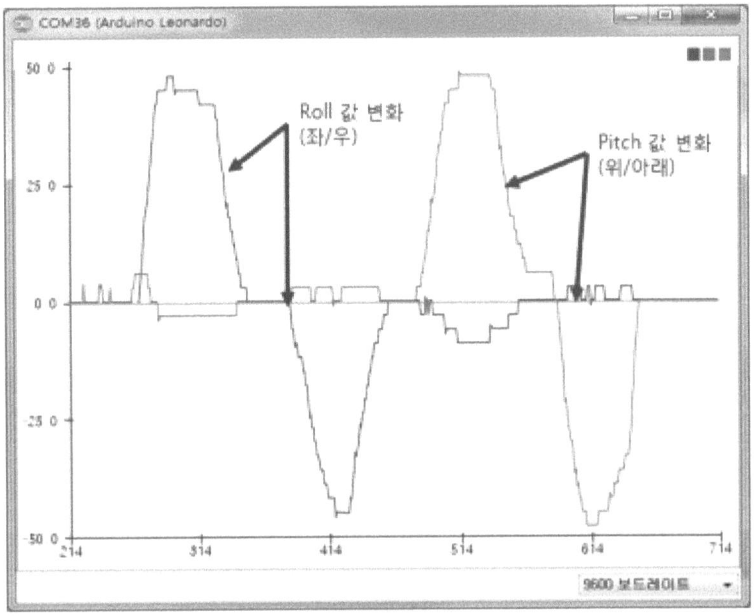

[그림 12-7] 컨트롤 보드를 제어 했을 때

12-3 활동 과제

PID 제어 함수를 사용하여 구한 ROLL, PITCH, YAW 값으로 모터의 속도를 분배하여 동작하는 펌웨어를 작성한다.

CH.13

MultiWii를 이용한 모니터링

이 장의 학습목표

- ▶ MultiWii에 대하여 이해할 수 있다.
- ▶ MultiWii를 이용하여 드론의 센서 값을 읽어 올 수 있다.

13-1 준비하기

13-1-1 MultiWii

MultiWii는 드론을 제어하기 위한 범용 오픈 소스 프로젝트이다. 학문적인 접근이 아닌 취미 생활을 하는 사람들이 만든 솔루션으로, 소스 코드가 간결하여 이해가 쉽다는 장점이 있다.

http://www.multiwii.com/

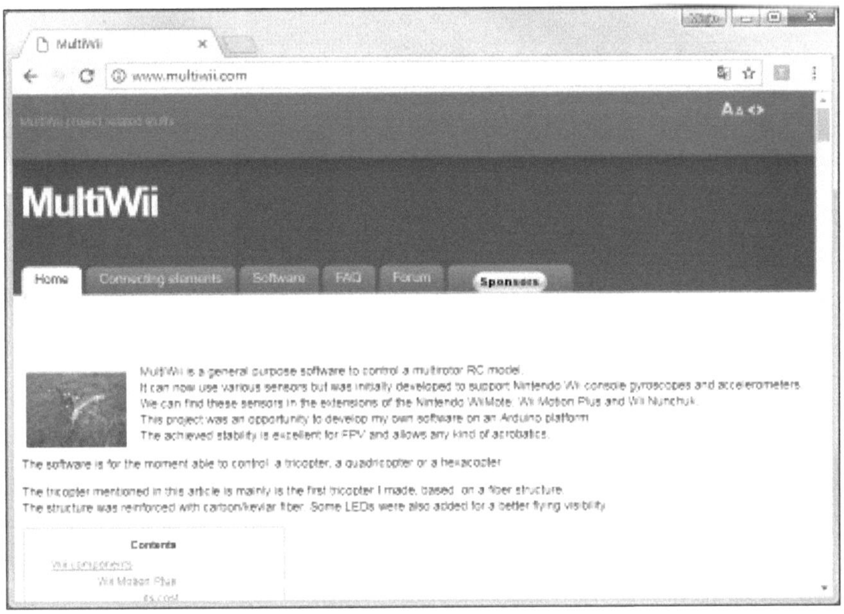

[그림 13-1] MultiWii 홈페이지

13-1-2 MultiWiiConf

드론의 동작 확인을 위해 'MultiWiiConf'라는 PC GUI를 이용한다. 장비와 USB를 연결하여 컨트롤보드의 움직임에 따라 가속도/자이로 센서 값이 출력된다.

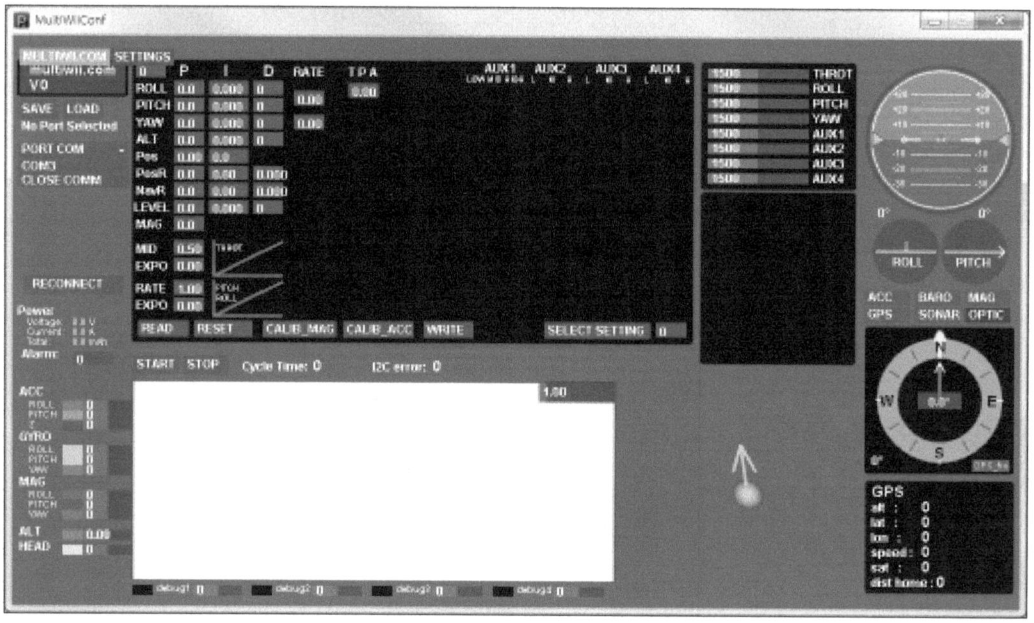

[그림 13-2] MultiWiiConf

(1) 센서 값 모니터링

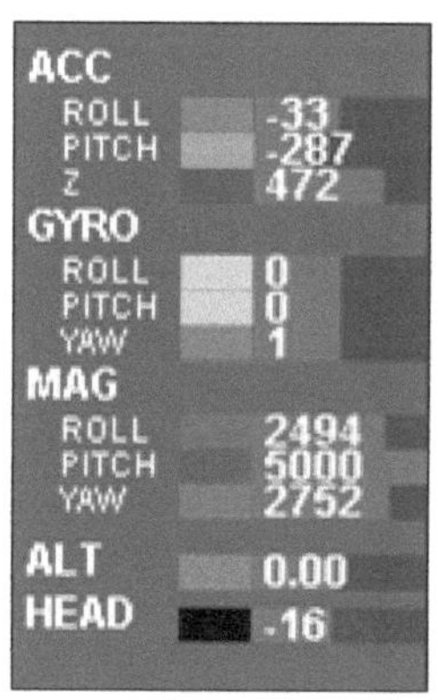

[그림 13-3]

① ACC : 가속도(Acceleration) 센서 값을 ROLL, PITCH, Z로 출력

② GYRO : 자이로(Gyroscope) 센서 값을 ROLL, PITCH, YAW로 출력

③ MAG : 지자계(Magnetic) 센서 값을 ROLL, PITCH, YAW로 출력

④ ALT : 고도 센서의 값을 표시

⑤ HEAD : 기체의 방향을 표시

(2) 계기판

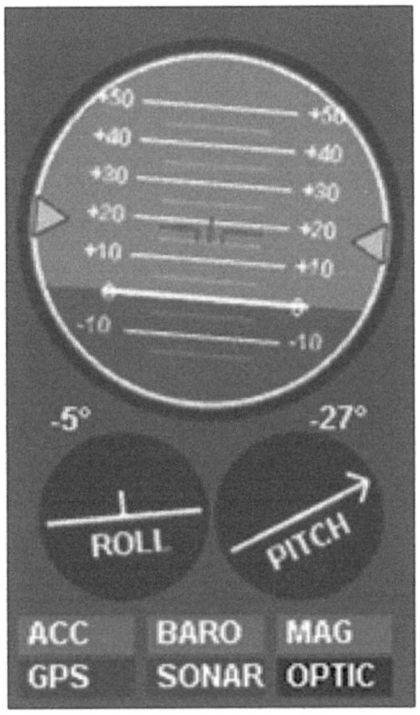

[그림 13-4]

계기판은 현재 드론의 정면의 보이는 모습을 나타낸 것이며, 아래의 ROLL과 PITCH는 각각의 기체의 방향을 ROLL과 PITCH에 대해 실시간으로 표시한다.

① ACC : 가속도 센서 (녹색이면 활성화 상태, 적색이면 비활성화 상태)

② BARO : 기압센서

③ MAG : 지자계 센서

④ GPS : GPS 센서

⑤ SONAR : 초음파 센서(아직 지원하지 않음)

⑥ OPTIC : optical flow 센서(아직 지원하지 않음)

13-2 실습하기

MultiWiiConf에 연결하여 센서 값을 모니터링 한다.

13-2-1 준비물

- DRONE BASIC TRAINER
- ARDUINO Sketch
- USB Cable

13-2-2 소스 코드

12_MultiWii\MultiWii\MultiWii.ino

실습에 필요한 라이브러리를 정의한다.

```
#include <avr/io.h>
#include <Wire.h>

#include "config.h"
#include "def.h“

#include <avr/pgmspace.h>
#define   VERSION   240
```

ROLL, PITCH, YAW 축의 데이터를 저장할 배열을 선언한다.

```
enum axis{
    ROLL,
    PITCH,
    YAW
};
```

MultiWii와 통신을 위해 저장할 데이터 변수를 배열로 선언한다.

```
enum pid {
  PIDROLL,
  PIDPITCH,
  PIDYAW,
  PIDALT,
  PIDPOS,
  PIDPOSR,
  PIDNAVR,
  PIDLEVEL,
  PIDMAG,
  PIDVEL,
  PIDITEMS
};
```

드론의 정보 값을 저장할 변수 플래시 메모리에 저장한다.

```
const char pidnames[] PROGMEM =
  "ROLL;"
  "PITCH;"
  "YAW;"
  "ALT;"
  "Pos;"
  "PosR;"
  "NavR;"
  "LEVEL;"
  "MAG;"
  "VEL;"
  ;
```

MultiWii GUI의 오른쪽 상단에 표시되는 설정 이름을 정의한다.

```
const char boxnames[] PROGMEM =
  "ARM;"
#if ACC
  "ANGLE;"
  "HORIZON;"
#endif
```

```
#if BARO
  "BARO;"
#endif
#if MAG
  "MAG;"
  "HEADFREE;"
  "HEADADJ;"
#endif
#if GPS
  "GPS HOME;"
  "GPS HOLD;"
#endif
;
```

MultiWii GUI 오른쪽 상단에 표시되는 설정 ID를 정의한다.

```
const uint8_t boxids[] PROGMEM = {
  0, //"ARM;"
#if ACC
  1, //"ANGLE;"
  2, //"HORIZON;"
#endif
#if BARO
  4, //"BARO;"
#endif
#if MAG
  5, //"MAG;"
  6, //"HEADFREE;"
  7, //"HEADADJ;"
#endif
#if GPS
  8, //"GPS HOME;"
  9, //"GPS HOLD;"
#endif
};
```

MultiWii을 위한 변수를 선언한다.

```
static uint32_t currentTime = 0;
static uint16_t previousTime = 0;
static uint16_t cycleTime = 0;        // this is the number in micro second to achieve a full loop, it can differ a little and is taken into account in the PID loop
static uint16_t calibratingA = 0;  // the calibration is done in the main loop. Calibrating decreases at each cycle down to 0, then we enter in a normal mode.
static uint16_t calibratingB = 0;  // baro calibration = get new ground pressure value
static uint16_t calibratingG;
static uint16_t acc_1G;               // this is the 1G measured acceleration
static uint16_t acc_25deg;
static int16_t  gyroADC[3], accADC[3], accSmooth[3], magADC[3];
static int16_t  heading, magHold, headFreeModeHold; // [-180;+180]
static uint8_t  vbat;                     // battery voltage in 0.1V steps
static uint8_t  vbatMin = VBATNOMINAL;  // lowest battery voltage in 0.1V steps
static uint8_t  rcOptions[CHECKBOXITEMS];
static int32_t  BaroAlt, EstAlt, AltHold; // in cm
static int16_t  BaroPID = 0;
static int16_t  errorAltitudeI = 0;
static int16_t  vario = 0;               // variometer in cm/s

static int16_t  debug[4];
static int16_t  sonarAlt; //to think about the unit

static int16_t  i2c_errors_count = 0;
static int16_t  annex650_overrun_count = 0;
static uint16_t intPowerMeterSum, intPowerTrigger1;
```

Calibration을 위한 플래그 변수들이다.

```
uint8_t calibration_flag;
struct flags_struct {
  uint8_t OK_TO_ARM : 1 ;
  uint8_t ARMED : 1 ;
  uint8_t I2C_INIT_DONE : 1 ; // For i2c gps we have to now when i2c init is done, so we can update parameters to the i2cgps from eeprom (at startup it is done in setup())
  uint8_t ACC_CALIBRATED : 1 ;
  uint8_t NUNCHUKDATA : 1 ;
  uint8_t ANGLE_MODE : 1 ;
  uint8_t HORIZON_MODE : 1 ;
```

```
  uint8_t MAG_MODE : 1 ;
  uint8_t BARO_MODE : 1 ;
  uint8_t GPS_HOME_MODE : 1 ;
  uint8_t GPS_HOLD_MODE : 1 ;
  uint8_t HEADFREE_MODE : 1 ;
  uint8_t PASSTHRU_MODE : 1 ;
  uint8_t GPS_FIX : 1 ;
  uint8_t GPS_FIX_HOME : 1 ;
  uint8_t SMALL_ANGLES_25 : 1 ;
  uint8_t CALIBRATE_MAG : 1 ;
  uint8_t VARIO_MODE : 1;
} f;
```

RC 조종기의 레버에 대한 정보를 저장할 변수를 정의한다.

```
// ******************
// rc functions
// ******************
#define MINCHECK 1100
#define MAXCHECK 1900

static int16_t failsafeEvents = 0;
volatile int16_t failsafeCnt = 0;

static int16_t rcData[RC_CHANS];      // interval [1000;2000]
static int16_t rcCommand[4];          // interval [1000;2000] for THROTTLE and [-500;+500]
for ROLL/PITCH/YAW
static int16_t lookupPitchRollRC[6];// lookup table for expo & RC rate PITCH+ROLL
static int16_t lookupThrottleRC[11];// lookup table for expo & mid THROTTLE
static uint16_t rssi;                 // range: [0;1023]
```

Gyro 센서와 가속도 센서 값에 대한 변수 선언과 값을 초기화한다.

```
// gyro+acc IMU
static int16_t gyroData[3] = {0, 0, 0};
static int16_t gyroZero[3] = {0, 0, 0};
static int16_t angle[2]    = {0, 0}; // absolute angle inclination in multiple of 0.1 degree
180 deg = 1800
```

3축 PID 값을 저장할 배열 변수와 모터의 값을 저장할 변수를 정의한다.

```
// *****************************
// motor and servo functions
// *****************************
static int16_t axisPID[3];
static int16_t motor[NUMBER_MOTOR];
```

메모리에 저장할 변수를 선언한다.

```
// ****************************
// EEPROM Layout definition
// ****************************
static uint8_t dynP8[3], dynD8[3];
```

자세 고정을 위한 PID 값과 네비게이션을 위한 PID 값을 각각 설정한다.

```
// default POSHOLD control gains
#define POSHOLD_P             0.11
#define POSHOLD_I             0.0
#define POSHOLD_IMAX          20        // degrees

#define POSHOLD_RATE_P        2.0
#define POSHOLD_RATE_I        0.08      // Wind control
#define POSHOLD_RATE_D        0.045     // try 2 or 3 for POSHOLD_RATE 1
#define POSHOLD_RATE_IMAX     20        // degrees

// default Navigation PID gains
#define NAV_P                 1.4
#define NAV_I                 0.20      // Wind control
#define NAV_D                 0.08      //
#define NAV_IMAX              20        // degrees
```

'setup()' 함수에서는 메모리에 저장된 센서 값을 읽어오고, 'readGlobalSet()' 함수를 호출하여 자이로, 가속도 등의 센서들의 전체 셋팅 값을 읽어온다. 그리고 'initSensors()' 함수로 센서를 초기화한다.

```
void setup()
{
  global_conf.currentSet = 0;
  readEEPROM();

  readGlobalSet();
  readEEPROM();                                  // load current setting data

  initSensors();
```

센서 값 Calibration을 위하여 값을 설정한다.

```
  previousTime = micros();
  calibratingG = 512;
  calibratingB = 200;  // 10 seconds init_delay + 200 * 25 ms = 15 seconds before ground
pressure settles
```

아두이노 보드의 시리얼 0번 포트를 열어 MultiWii PC 프로그램과 통신하도록 설정한다.

```
  SerialOpen(0, SERIAL0_COM_SPEED);
```

'loop()' 구문에서는 가속도, 자이로 센서 값을 저장할 변수를 선언한다.

```
void loop () {
  static uint8_t rcDelayCommand; // this indicates the number of time (multiple of RC
measurement at 50Hz) the sticks must be maintained to run or switch off motors
  static uint8_t rcSticks;          // this hold sticks position for command combos
  uint8_t axis, i;
  int16_t error, errorAngle;
  int16_t delta, deltaSum;
  int16_t PTerm, ITerm, DTerm;
  int16_t PTermACC = 0 , ITermACC = 0 , PTermGYRO = 0 , ITermGYRO = 0;
  static int16_t lastGyro[3] = {0, 0, 0};
  static int16_t delta1[3], delta2[3];
```

```
static int16_t errorGyroI[3] = {0, 0, 0};
static int16_t errorAngleI[2] = {0, 0};
static uint32_t rcTime  = 0;
static int16_t initialThrottleHold;
static uint32_t timestamp_fixated = 0;
```

센서의 값을 읽어들이는 측정시간의 간격을 일정시간에 측정하도록 설정하고, 센서값을 읽어와 ROLL, PITCH, YAW의 값을 계산한다.

```
computeIMU();
// Measure loop rate just afer reading the sensors
currentTime = micros();
cycleTime = currentTime - previousTime;
previousTime = currentTime;
```

가속도 센서의 값을 읽어와 PID 계산을 위해 각각 변수에 저장한다.

```
for (axis = 0; axis < 3; axis++) {
  if ((f.ANGLE_MODE || f.HORIZON_MODE) && axis < 2 ) { // MODE relying on ACC
    // 50 degrees max inclination
    errorAngle = constrain((rcCommand[axis] << 1) + GPS_angle[axis], -500, +500) -
angle[axis] + conf.angleTrim[axis]; //16 bits is ok here
    PTermACC = ((int32_t)errorAngle * conf.P8[PIDLEVEL]) >> 7;                //
32 bits is needed for calculation: errorAngle*P8[PIDLEVEL] could exceed 32768   16 bits is
ok for result
    PTermACC = constrain(PTermACC, -conf.D8[PIDLEVEL] * 5, +conf.D8[PIDLEVEL] * 5);

    errorAngleI[axis]      = constrain(errorAngleI[axis] + errorAngle, -10000, +10000); //
WindUp     //16 bits is ok here
    ITermACC                    = ((int32_t)errorAngleI[axis] * conf.I8[PIDLEVEL]) >> 12;
 // 32 bits is needed for calculation:10000*I8 could exceed 32768   16 bits is ok for result
  }
```

Gyro 센서의 값을 읽어와 PID 계산을 위해 각각 변수에 저장한다.

```
if ( !f.ANGLE_MODE || f.HORIZON_MODE || axis == 2 ) { // MODE relying on GYRO or YAW axis
  if (abs(rcCommand[axis]) < 500) error = (rcCommand[axis] << 6) / conf.P8[axis] ; // 16 bits is needed for calculation: 500*64 = 32000      16 bits is ok for result if P8>5 (P>0.5)
  else error = ((int32_t)rcCommand[axis] << 6) / conf.P8[axis] ; // 32 bits is needed for calculation

  error -= gyroData[axis];

  PTermGYRO = rcCommand[axis];

  errorGyroI[axis]  = constrain(errorGyroI[axis] + error, -16000, +16000);    // WindUp 16 bits is ok here
  if (abs(gyroData[axis]) > 640) errorGyroI[axis] = 0;
  ITermGYRO = ((errorGyroI[axis] >> 7) * conf.I8[axis]) >> 6;    // 16 bits is ok here 16000/125 = 128 ; 128*250 = 32000
}
```

계산 과정을 거쳐 완료된 각도 에러율, PID의 값을 각각 변수에 저장한다.

```
if ( f.HORIZON_MODE && axis < 2) {
  PTerm = ((int32_t)PTermACC * (512 - prop) + (int32_t)PTermGYRO * prop) >> 9; // the real factor should be 500, but 512 is ok
  ITerm = ((int32_t)ITermACC * (512 - prop) + (int32_t)ITermGYRO * prop) >> 9;
} else {
  if ( f.ANGLE_MODE && axis < 2) {
    PTerm = PTermACC;
    ITerm = ITermACC;
  } else {
    PTerm = PTermGYRO;
    ITerm = ITermGYRO;
  }
}
```

계산이 완료된 변수들의 값을 모터에 전달하여 해당 PID 값으로 모터의 ROLL, PITCH를 제어한다.

```
    PTerm  -=  ((int32_t)gyroData[axis]  *  dynP8[axis])  >>  6;  //  32  bits  is  needed  for
calculation

    delta              = gyroData[axis] - lastGyro[axis];  // 16 bits is ok here, the dif between
2 consecutive gyro reads is limited to 800
    lastGyro[axis] = gyroData[axis];
    deltaSum          = delta1[axis] + delta2[axis] + delta;
    delta2[axis]     = delta1[axis];
    delta1[axis]     = delta;

    DTerm = ((int32_t)deltaSum * dynD8[axis]) >> 5;      // 32 bits is needed for calculation

    axisPID[axis] =   PTerm + ITerm - DTerm;
  }
}
```

13-2-3 컴파일 및 업로드

① 아두이노 프로그램에서 확인(✓) 아이콘을 클릭하여 컴파일이 수행되는 것이 하단의 Build 창에 보이는 것을 확인할 수 있다.

② 장비와 같이 제공되는 USB Cable을 이용하여 아두이노에 업로드 한다. 아래와 같이 장비와 USB Cable을 연결한다.

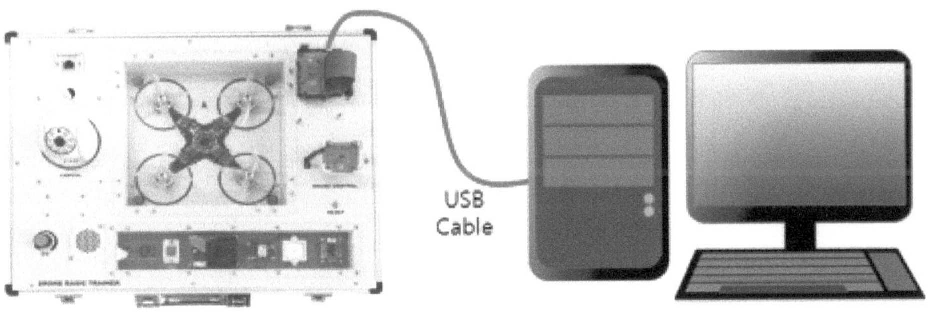

[그림 13-5] PC와 장비 연결

③ '툴'을 선택하여 아두이노 보드의 종류와 연결된 COM 포트를 각각 선택한다.

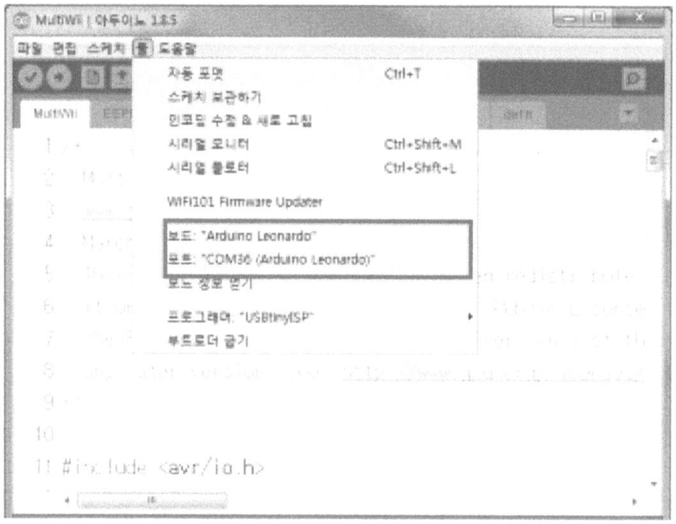

[그림 13-6] 컴포트 선택

④ 아두이노 프로그램에서 업로드(➜) 아이콘을 클릭하여 아두이노에 업로드한다.

13-2-4 MultiWiiConf 실행

① 다음 위치에서 자신의 OS에 맞는 'MultiWiiConf'을 실행한다.

CD\MultiWiiConf\application.windows32

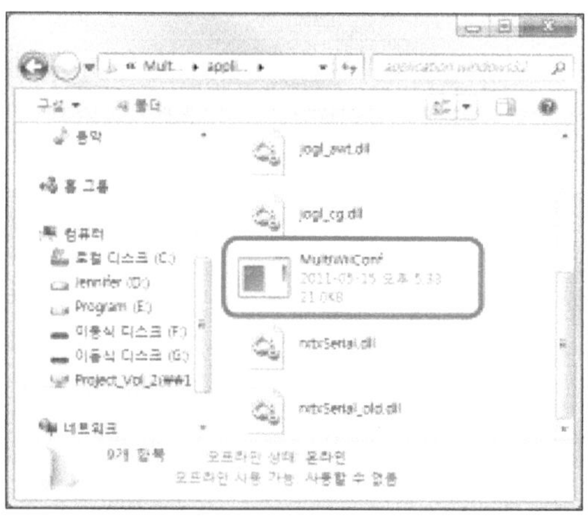

[그림 13-7] MultiWiiConf 실행

② MultiWiiConf 프로그램이 실행된다.

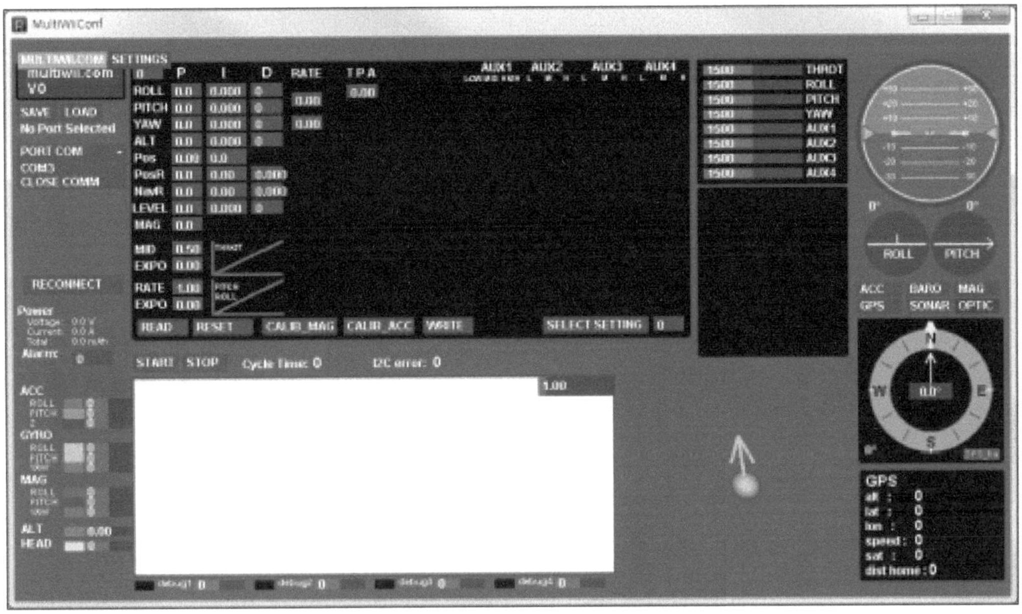

[그림 13-8] MultiWiiConf

③ MultiWii 통신 포트를 설정하고 Start 버튼을 누르면 프로그램이 시작되고 PC와 연결된 드론의 정보를 보여 준다.

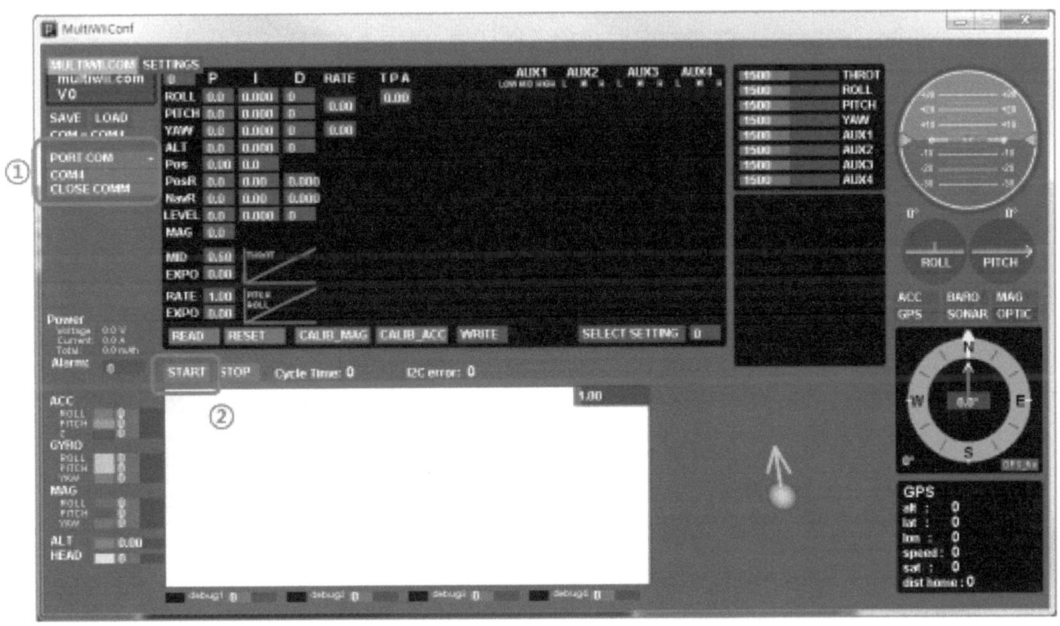

[그림 13-9] MultiWiiConf 통신 포트 설정

④ 접속이 완료되면 "CALIB_ACC"를 선택하여 센서의 상태를 초기화한다.

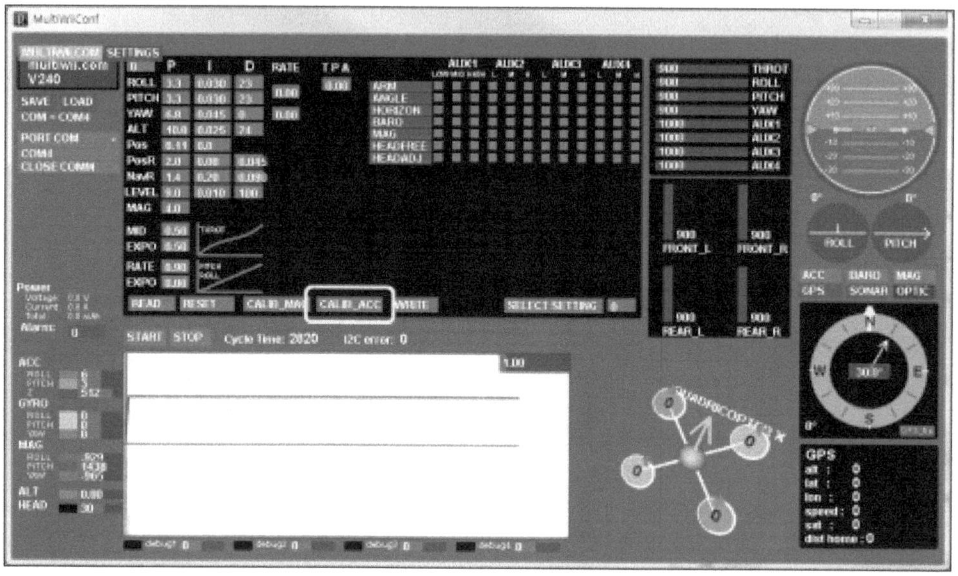

[그림 13-10] 가속도 센서 Calibration

⑤ 드론 형태 및 PID 설정 정보가 표시되며, 장비의 컨트롤 보드를 움직이면 자이로와 가속도 센서 상태가 변경된다.

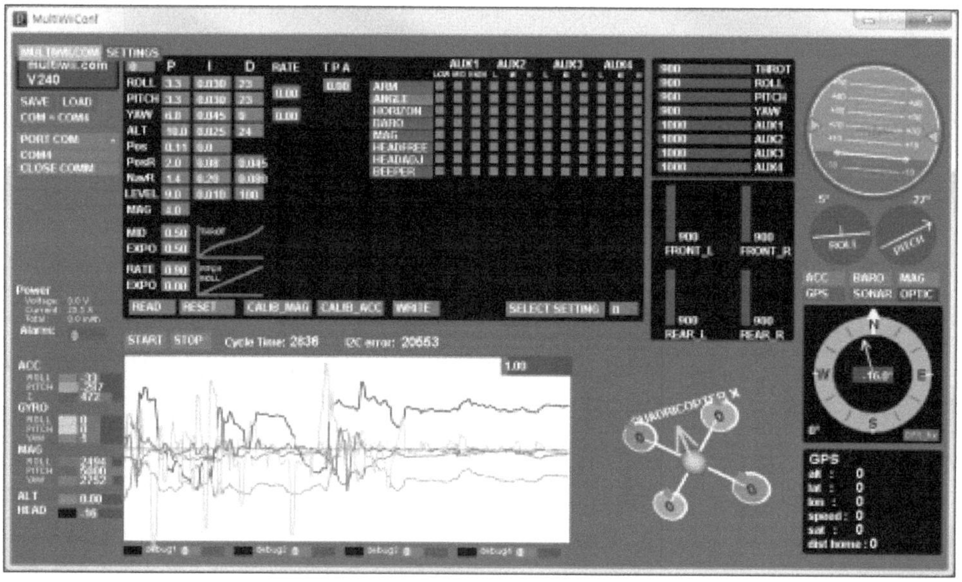

[그림 13-11] 드론 상태 변경

⑥ PID 설정한다. RC 조종기를 이용하여 드론을 조종하면서 BLDC 모터의 PID 값을 설정한다. 설정이 끝나면 Write 버튼을 눌러 설정된 정보를 드론에 저장한다.

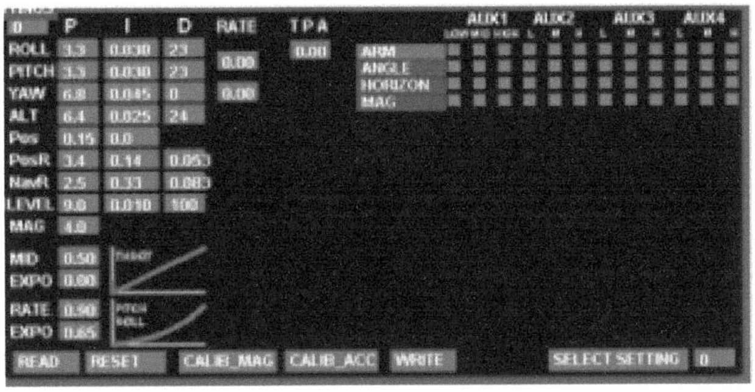

P : 비례제어 설정
I : 적분제어 설정
D: 미분제어 설정

[그림 13-12] PID 제어

CH.14

GPS 센서 모니터링

이 장의 학습목표

- ▶ GPS 센서의 동작 원리를 이해할 수 있다.
- ▶ GPS 센서 값을 모니터링하고, 출력된 위도와 경도로 현재 위치를 알 수 있다.

14-1 준비하기

드론에 장착되는 다양한 센서들 중 GPS 센서는 드론의 위치를 확인할 수 있는 센서이다. GPS 센서는 인공위성으로부터 취득한 데이터를 이용하기 때문에 현재 드론의 정확한 위치를 알 수 있다. GPS 센서는 안테나와 함께 장비의 하단에 장착되어 있다.

단, GPS 센서는 인공위성의 데이터를 이용하기 때문에 실내에서는 실외보다 정확하지 않다.

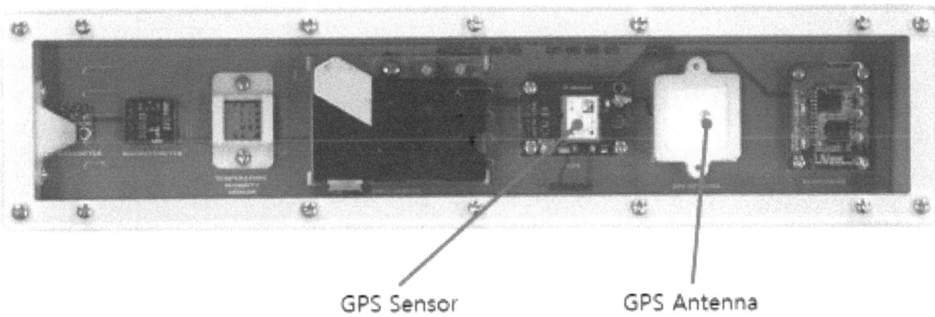

[그림 14-1] GPS 센서 위치

14-1-1 GPS 센서

GPS(Global Positioning System)는 위성에서 보내는 신호를 수신해 사용자의 현재 위치를 계산하는 위성항법시스템이다. 항공기, 선박, 자동차 등의 내비게이션 장치에 주로 쓰이고 있으며, 최근에는 스마트폰, 태블릿 PC 등에서도 많이 활용된다.

GPS 센서는 지구 궤도를 돌고 있는 위성으로부터 나온 데이터의 분석을 통해 현재 위치의 위도와 경도, 시간 등을 출력한다.

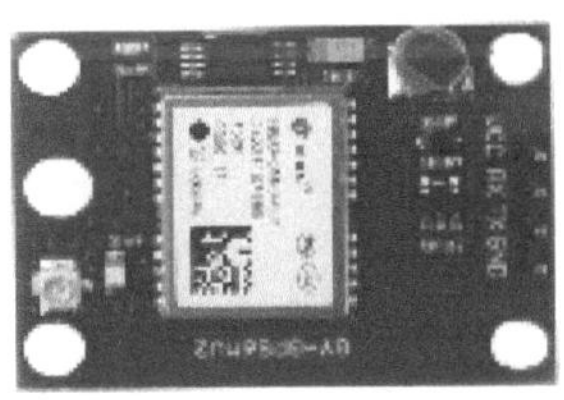

[그림 14-2] GPS 센서

동작원리

GPS의 동작원리는 3개 이상의 위성으로부터 정확한 시간과 거리를 측정하고, 3개의 각각 다른 거리를 계산하여 현재 위치를 정확하게 계산한다. GPS 센서는 지구 밖에서 돌고 있는 GPS 위성으로부터 수신 받은 신호를 처리한 후 데이터를 확인한다.

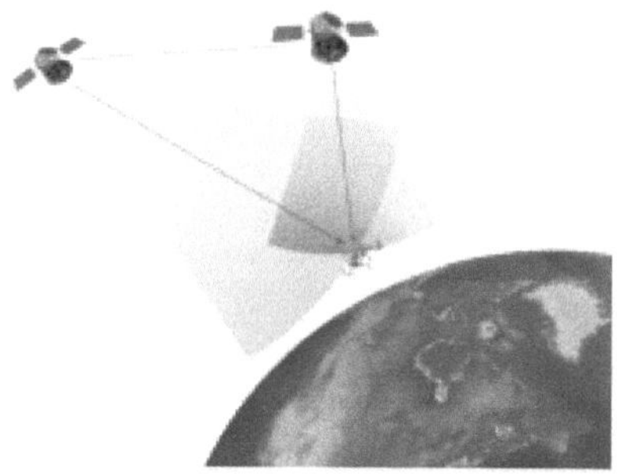

[그림 14-3] GPS 동작 원리

[자료 출처]

- https://terms.naver.com/entry.nhn?docId=3571552&cid=59088&categoryId=59096
- https://brunch.co.kr/@matthewmin/122

14-1-2 GPS 센서 회로도

GPS 센서는 I2C 통신을 이용하여 아두이노에서 값을 읽어와 처리한다. I2C 통신은 아두이노 보드의 D2와 D3 핀에 연결되어 있다.

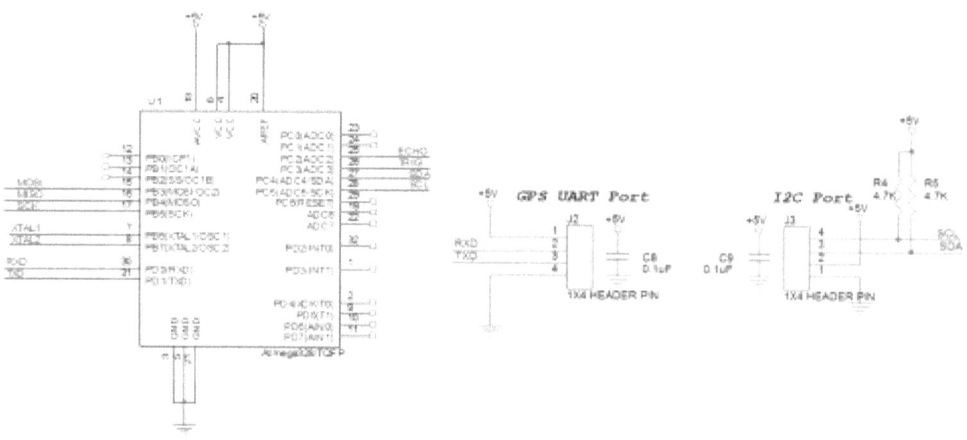

[그림 14-4] GPS 센서 회로도

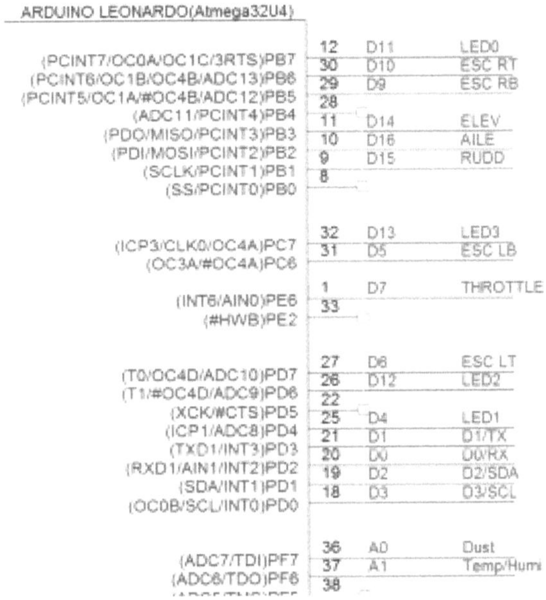

[그림 14-5] 아두이노 보드 회로도

실제 아두이노 보드의 D2와 D3핀은 아래 그림과 같이 우측에 위치해 있으며, 핀 번호 앞의 알파벳 'D'는 Digital 핀을 의미한다.(드론 연결 보드에는 아두이노 보드와 동일하게 핀 번호 및 기능들이 인쇄되어 있다.)

[그림 14-6] 실제 아두이노 보드 연결 포트

14-1-3 라이브러리

본 실습에서는 GPS 센서의 측정을 위하여 'DroneGPS' 라이브러리를 사용하며 주로 사용하는 함수의 내용은 아래와 같다.

- DroneGPS.getGPSData()

  GPS 센서의 데이터를 받아오는 함수이다. 호출시 GPS의 위도/경도의 도, 분, 초 데이터를 받아온다.

- DroneGPS.dataRequest(requestAddr, requestDataLength)

  GPS 센서의 데이터를 요청하는 함수이다. 특정 어드레스의 지정된 길이만큼의 데이터를 읽어와 버퍼 길이를 리턴한다.

14-2 실습하기

GPS 센서 위도, 경도 값을 측정하여 시리얼 모니터에 출력한다.

14-2-1 준비물

- DRONE BASIC TRAINER
- ARDUINO Sketch
- USB Cable

14-2-2 소스 코드

13_GPS_Monitoring\13_GPS_Monitoring.ino

GPS 센서 값 측정을 위해 “DroneGPS.h” 라이브러리의 파일을 포함한다.

```
#include <DroneGPS.h>
```

센서의 클래스를 정의하고 실행하는 함수를 선언함으로서 센서 모듈을 인스턴스화 한다.

```
gps_data_t gps_data; //GPS 관련 정보를 담을 수 있는 객체를 선언한다.
```

‘setup()’ 함수에서는 지자기 센서와 I2C 통신으로 모니터링하기 위하여 시리얼 모니터를 초기화 한다.

```
void setup()
{
  Serial.begin(9600);
}
```

‘loop()’ 함수이다.

- 위도, 경도에 따른 방위를 저장할 변수 ‘courseCharacter’를 선언한다.
- ‘DroneGPS.getGPSData()’ 함수를 호출하여 GPS 센서의 위도, 경도 데이터를 불러온다.(함수에 대한 설명은 교재 마지막장 부록에서 ‘DroneGPS 라이브러리’에 자세히 설명되어 있다.)

```
void loop()
{
        char courseCharacter; //위도, 경도에 따른 방위의 문자(N,S,E,W)들을 저장하는 변수
        gps_data = DroneGPS.getGPSData(); //위도, 경도 데이터를 불러온다.
```

- GPS 센서에서 읽어온 위도의 도, 분, 초의 값을 시리얼 모니터에 출력한다.

```
        Serial.print("Latitude : ");
        Serial.print(gps_data.latitude_degree); //위도의 도 값을 출력한다.
        Serial.print(" ");
        Serial.print(gps_data.latitude_minute); //위도의 분 값을 출력한다.
        Serial.print(" ");
        Serial.print(gps_data.latitude_second); //위도의 초 값을 출력한다.
```

- if 조건문을 사용하여 현재 위도의 방위가 북위일 경우 방위를 저장하는 변수에 'N'을 저장하고, 남위일 경우 'S'를 저장한다.

```
if(gps_data.latitude_course == GPS_NORTH)
{
  courseCharacter = 'N'; //위도의 방위가 북일 경우 북위를 뜻하는 문자 N을 변수에 저장
한다.
}
else
{
  courseCharacter = 'S'; //위도의 방위가 북이 아닌 경우 남위를 뜻하는 문자 S를 변수에
저장한다.
}
```

- if 조건문을 통하여 현재 위도의 방위 값이 저장된 변수를 시리얼 모니터에 출력한다.

```
Serial.print(courseCharacter);
Serial.print(" ");
```

- GPS 센서에서 읽어온 경도의 도, 분, 초의 값을 시리얼 모니터에 출력한다.

```
Serial.print("\tLongitude : ");
Serial.print(gps_data.longitude_degree); //경도의 도 값을 출력한다.
Serial.print(" ");
Serial.print(gps_data.longitude_minute); //경도의 분 값을 출력한다.
Serial.print(" ");
Serial.print(gps_data.longitude_second); //경도의 초 값을 출력한다.
```

- if 조건문을 사용하여 현재 경도의 방위가 동경일 경우 방위를 저장하는 변수에 'E'를 저장하고, 서경일 경우 'W'를 저장한다.

```
if(gps_data.latitude_course == GPS_EAST)
{
  courseCharacter = 'E'; //경도의 방위가 동일 경우 동경를 뜻하는 문자 E을 변수에 저
장한다.
}
else
{
  courseCharacter = 'W'; //경도의 방위가 동이 아닌 경우 서경를 뜻하는 문자 W를 변
수에 저장한다.
}
```

- if 조건문을 통하여 현재 경도의 방위 값이 저장된 변수를 시리얼 모니터에 출력한다.

```
        Serial.print(courseCharacter);
        Serial.println();
        delay(1000);
}
```

14-2-3 컴파일 및 업로드

① 아두이노 프로그램에서 확인(✓) 아이콘을 클릭하여 컴파일이 수행되는 것이 하단의 Build 창에 보이는 것을 확인할 수 있다.

② 장비와 같이 제공되는 USB Cable을 이용하여 아두이노에 업로드 한다. 아래와 같이 장비와 USB Cable을 연결한다.

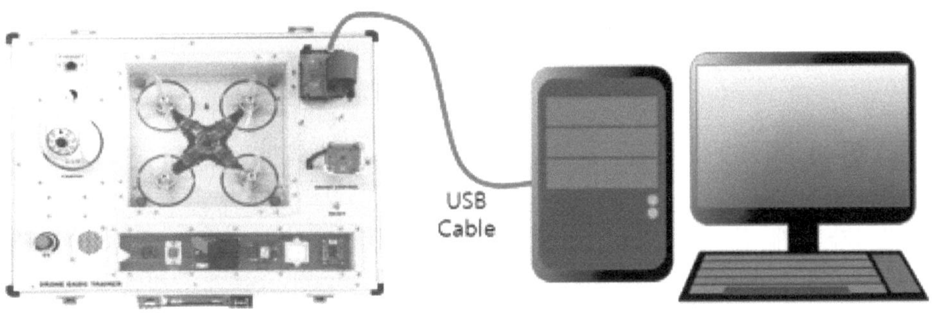

[그림 14-7] PC와 장비 연결

③ '툴'을 선택하여 아두이노 보드의 종류와 연결된 COM 포트를 각각 선택한다.

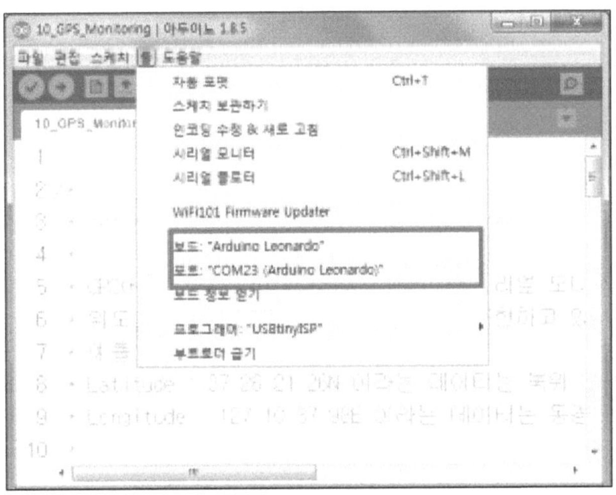

[그림 14-8] 컴포트 선택

④ 아두이노 프로그램에서 업로드( ) 아이콘을 클릭하여 아두이노에 업로드한다.

⑤ 시리얼 모니터를 실행한다.

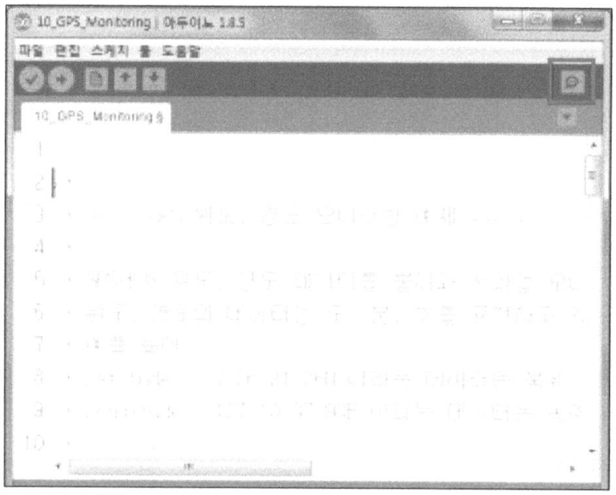

[그림 14-9] 시리얼 모니터 실행

14-2-4 결과 확인

① GPS 센서가 현재 위도와 경도의 값(도, 분, 초, 방위)을 출력한다. GPS 센서의 데이터는 위성과 연결이 완료된 상태에서 출력하므로, 실내에서 실습시 최대한 창문과 근접한 곳에서 실습을 진행한다.

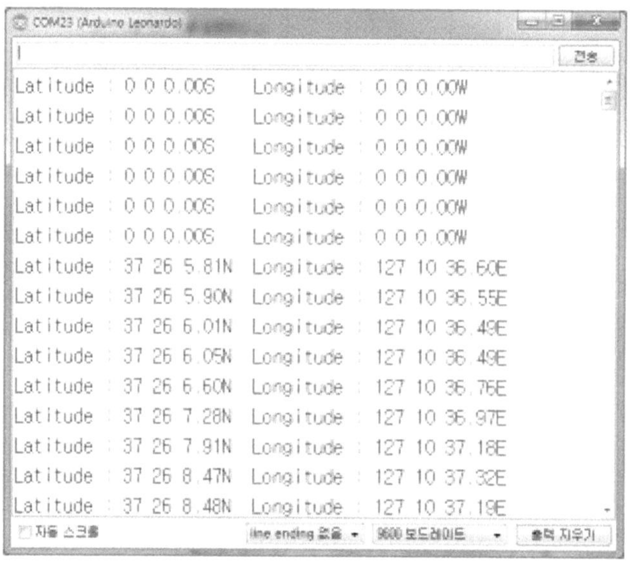

[그림 14-10] 센서 결과값 출력

② 인터넷을 실행하여 Google 지도를 실행한다. (https://www.google.com/maps)

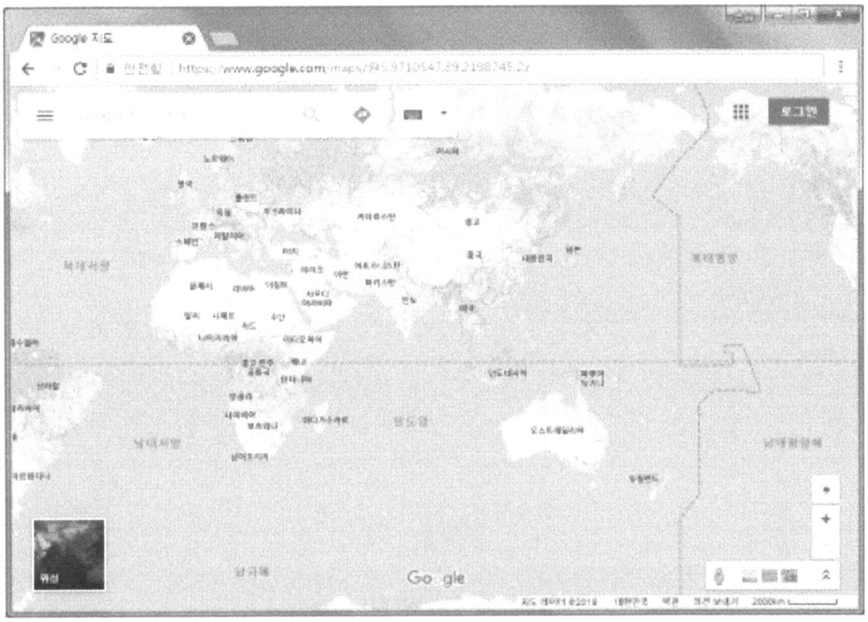

[그림 14-11] 구글 지도 실행

③ 시리얼 모니터에 출력된 위도와 경도의 데이터를 구글 지도 검색창에 입력한다. 데이터 입력시 띄어쓰기 구분을 한다.

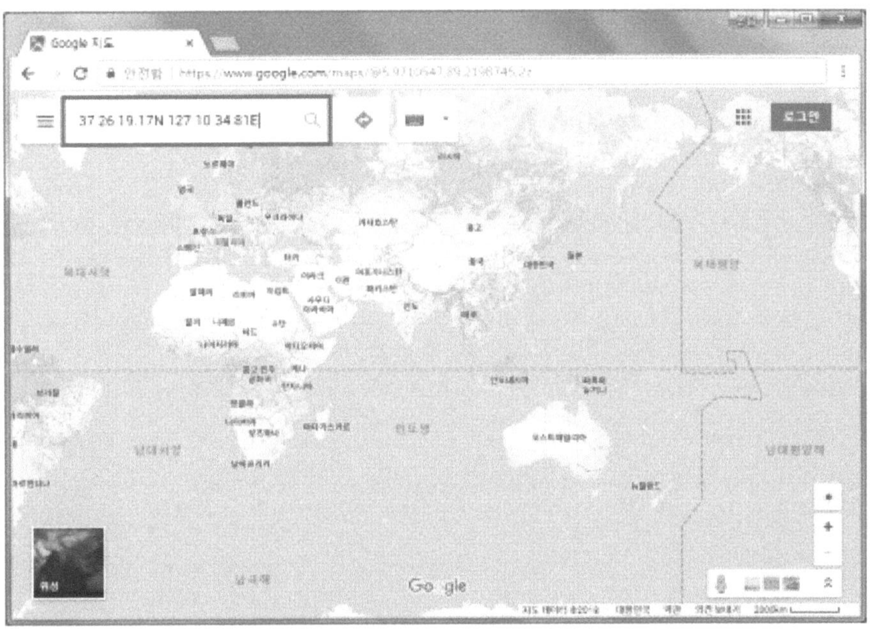

[그림 14-12] 위도, 경도 데이터 입력

④ 입력된 값에 해당하는 위치가 출력된다.

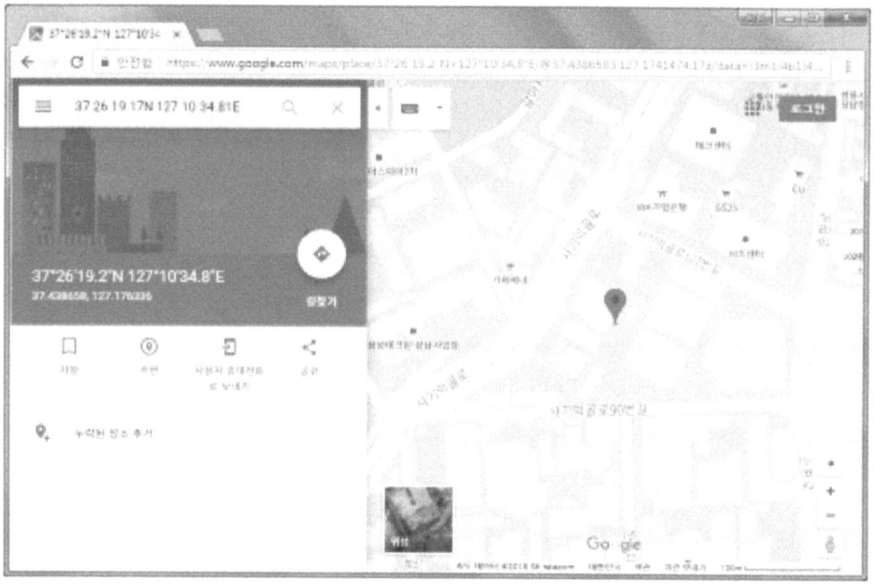

[그림 14-13] 위치 출력

CH.15

Application 사용 환경 구축

15-1 어플리케이션 설치 및 준비

① 플레이스토어에서 ‘드론 기초 실습장비’를 검색한 후, 어플리케이션을 다운받아 휴대폰에 설치한다.

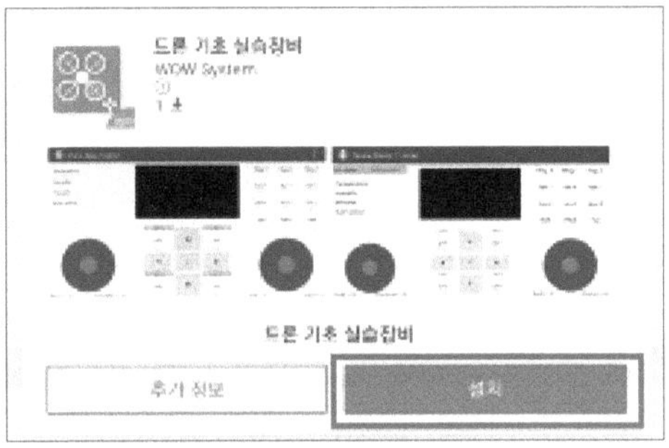

[그림 15-1]

② 설치가 완료되면 해당 어플리케이션 아이콘이 생성된다.

[그림 15-2]

15-2 WIFI 설정

① 장비와 함께 제공된 공유기에 전원을 공급한다.

[그림 15-3] 장비 공유기

② 휴대폰의 WIFI를 실행하여 함께 제공된 공유기에 접속한다. 본 실습에서 사용된 공유기의 이름은 'WOWEDU001'이다.

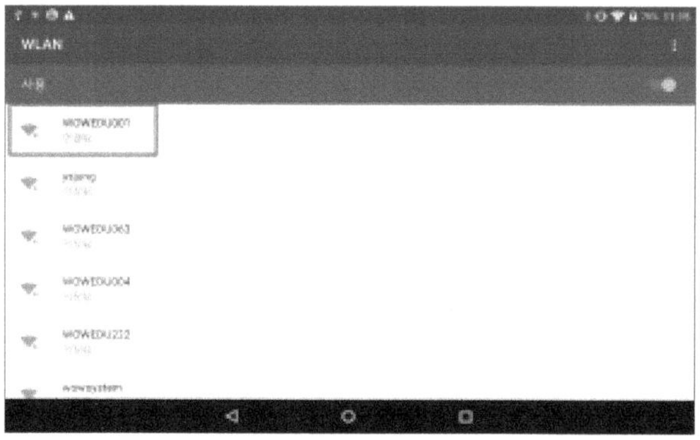

[그림 15-4] WIFI 연결

③ 장비의 IP 카메라는 AP와 무선 연결을 기본으로 하고 있다. 만약, 유선으로 연결하기를 원할 경우, 장비에 전원을 공급하고 장비와 AP를 연결한다.

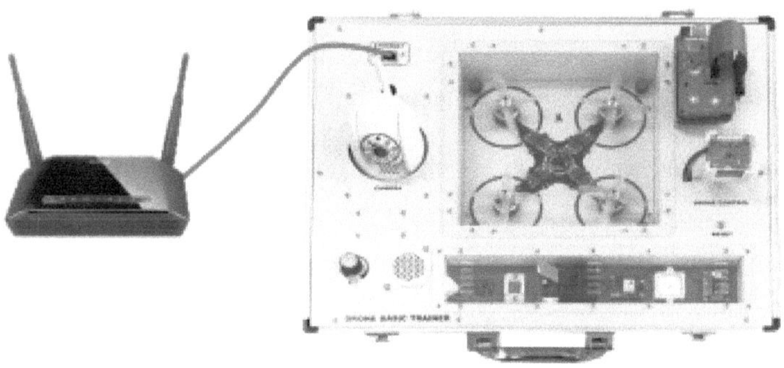

[그림 15-5] AP와 장비 연결

15-3 블루투스 설정

① 휴대폰의 블루투스를 켠다.

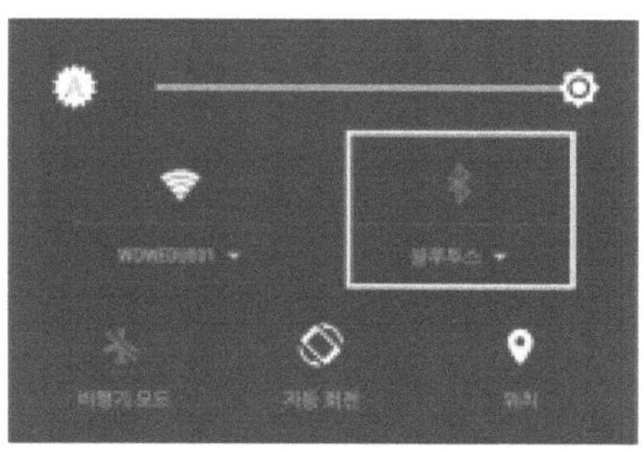

[그림 15-6] 블루투스 ON

② 블루투스에서 연결 가능한 디바이스 중 장비의 블루투스가 검색되었는지 확인한 후 해당 장치를 선택한다.(본 장비에서의 블루투스는 'Drone**'으로 나타난다.)

[그림 15-7] 블루투스 검색

③ 연결이 완료되면 연결된 디바이스에 목록이 나타난다.

[그림 15-8] 연결 완료

15-4 장비와 어플리케이션 연결방법

① 'Drone Basic Trainer'를 실행한다.

[그림 15-9]

② Camera의 IP를 설정하고 'Bluetooth 연결하기'를 선택한다.

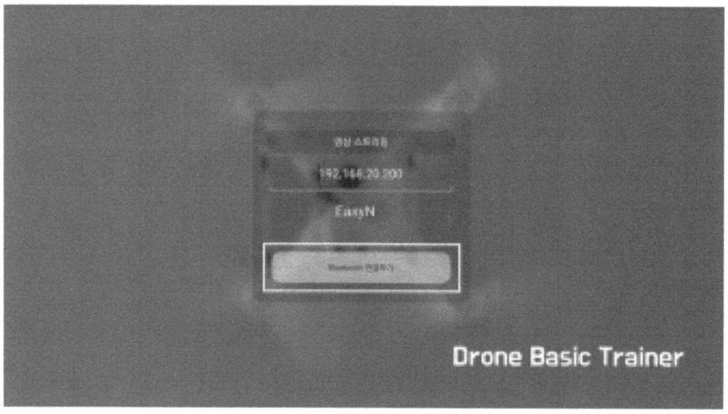

[그림 15-10] 어플 연결하기

③ 블루투스 검색 목록에서 앞에서 설정한 장비의 블루투스를 선택한다.(본 교재에서 블루투스는 'Drone**'로 되어있다.)

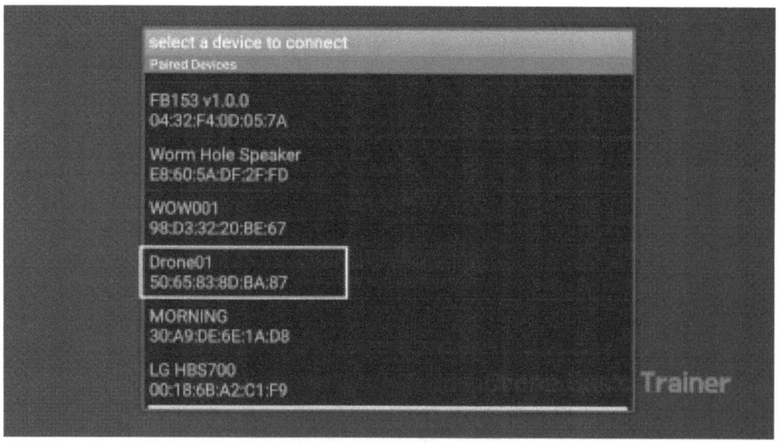

[그림 15-11] 블루투스 선택

④ 연결이 되면 다음과 같은 화면이 나타난다.

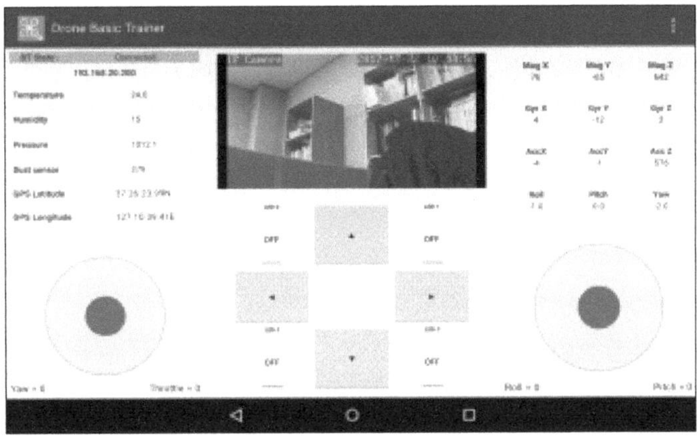

[그림 15-12] 실행화면

15-5 화면 구성

어플리케이션 화면 구성은 다음과 같다.

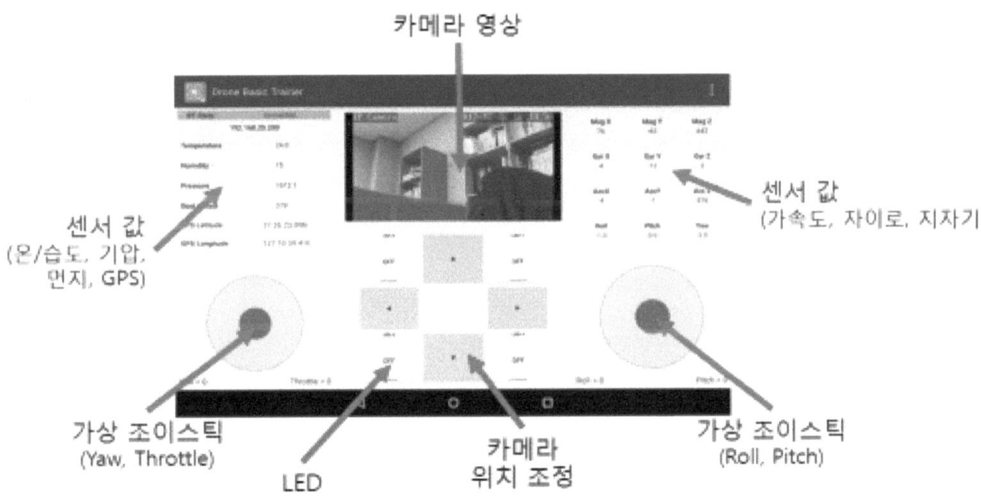

[그림 15-13] 화면 구성

- 카메라 영상 : IP Camera가 연결되었을 때 화면이 출력된다.
- 센서 값(왼쪽) : 온/습도, 기압, 먼지, GPS 센서에 대한 정보가 출력된다.

- 센서 값(오른쪽) : 가속도, 자이로, 지자기 센서에 대한 정보가 출력된다.
- LED : 모터 하단에 장착된 LED를 제어한다.
- 카메라 위치 조정 : 상/하/좌/우 방향으로 IP Camera를 이동시킨다.
- 가상 조이스틱 : Throttle, Roll, Pitch, Yaw를 조절하여 드론을 날릴 수 있다.

CH.16

스마트 폰을 이용한 모니터링 및 제어

이 장의 학습목표

▶ 스마트 폰을 이용하여 드론 실습장비의 센서 값 모니터링 및 드론의 모터를 제어할 수 있다.

16-1 실습하기

안드로이드 폰(태블릿)을 이용하여 IP 카메라의 영상 및 센서 값을 모니터링하고, IP 카메라와 드론의 동작을 제어한다.

16-1-1 준비물

- DRONE BASIC TRAINER
- ARDUINO Sketch
- USB Cable
- Android Phone or Tablet

16-1-2 소스 코드

14_Android_App\Android_App\Android_App.ino

각 센서 모니터링 및 드론의 제어를 위하여 라이브러리를 정의한다.

```
#include <DroneIMU.h>
#include <DroneMotorControl.h>
#include <DroneGPS.h>
#include <SparkFun_MAG3110.h>
#include <Wire.h>
#include <Adafruit_Sensor.h>
#include <Adafruit_BMP085_U.h>
#include "DHT11.h"
```

각 센서의 클래스를 정의하고 실행하는 함수를 선언함으로서 센서 모듈을 인스턴스화 한다.

```
MAG3110 mag = MAG3110(); //Instantiate MAG3110
Adafruit_BMP085_Unified bmp = Adafruit_BMP085_Unified(10085);
DHT11 dht11(A1);
gps_data_t gps_data; //GPS 관련 정보를 담을 수 있는 구조체를 선언한다.
```

App과 통신을 위하여 각 센서들의 통신 프로토콜을 설정한다.

```
/*########### App과 통신 프로토콜 ###########*/
#define PROTOCOL_STX                (0x02)
#define PROTOCOL_ID                 (0x12)
#define PROTOCOL_CMD_IMU            (0xB0)
#define PROTOCOL_CMD_SENSOR         (0xB1)
#define PROTOCOL_CMD_CONTROL        (0xC2)
#define PROTOCOL_MID_ACC_X          (0x80)
#define PROTOCOL_MID_ACC_Y          (0x81)
#define PROTOCOL_MID_ACC_Z          (0x82)
#define PROTOCOL_MID_GYRO_X         (0x83)
#define PROTOCOL_MID_GYRO_Y         (0x84)
#define PROTOCOL_MID_GYRO_Z         (0x85)
#define PROTOCOL_MID_MAG_X          (0x86)
#define PROTOCOL_MID_MAG_Y          (0x87)
#define PROTOCOL_MID_MAG_Z          (0x88)
#define PROTOCOL_MID_TEMP           (0x80)
#define PROTOCOL_MID_HUMI           (0x81)
#define PROTOCOL_MID_DUST           (0x82)
#define PROTOCOL_MID_QNH            (0x83)
#define PROTOCOL_MID_ROLL           (0x84)
#define PROTOCOL_MID_PITCH          (0x85)
#define PROTOCOL_MID_YAW            (0x86)
#define PROTOCOL_MID_LATI           (0x87)
#define PROTOCOL_MID_LONG           (0x88)
#define PROTOCOL_MID_CONTROL_LED0   (0x80)
#define PROTOCOL_MID_CONTROL_LED1   (0x81)
#define PROTOCOL_MID_CONTROL_LED2   (0x82)
#define PROTOCOL_MID_CONTROL_LED3   (0x83)
#define PROTOCOL_MID_CONTROL_THROTTLE   (0x84)
#define PROTOCOL_MID_CONTROL_YAW        (0x85)
#define PROTOCOL_MID_CONTROL_ROLL       (0x86)
#define PROTOCOL_MID_CONTROL_PITCH      (0x87)
#define PROTOCOL_ETX                (0x03)
/*#########################################*/
```

LED 의 핀 번호를 선언한다.

```
#define LED0    11
#define LED1    4
#define LED2    12
#define LED3    13
```

각 축의 PID 값에서 실제 모터의 적용할 속도비를 설정한다. 전송할 통신 프로토콜 데이터를 나열한다.

```
#define INC_RATE(x) ((x)*(1)) //각 축(Roll, Pitch, Yaw)의 PID 값에서 실제 모터에 적용할 속도비

typedef struct{
    uint8_t stx = PROTOCOL_STX;
    uint8_t id = PROTOCOL_ID;
    uint8_t length[2];
    uint8_t cmd;
    uint8_t payload[50];
    uint8_t lrc[2];
    uint8_t etx = PROTOCOL_ETX;
}dataPacket;

dataPacket txPacket;
dataPacket rxPacket;
```

데이터 버퍼를 저장할 변수와 각 센서의 정보를 저장할 변수를 선언한다.

```
unsigned char txDataBuffer[64];

int accSensor[3];
int gyroSensor[3];
int magSensor[3];
int temperature;
int humidity;
int dust = 0;
float qnh;
int ypr[3];
int latitude;
int longitude;
int roll_output;
int pitch_output;
int yaw_output;
int throttle = STOP_MOTOR;
char runningMotor = false;
```

프로그램이 구동되는 시간계산을 위한 변수를 선언한다.

```
unsigned long duration;
unsigned long starttime;
unsigned long sampletime_ms = 2000;
unsigned long lowpulseoccupancy = 0;
float ratio = 0;
float concentration = 0;

long long prev_sendDataCount = 0;
long long curr_sendDataCount = 0;
```

'setup()' 구문에서 통신을 위한 시리얼 포트를 초기화하고, LED의 핀을 출력으로, 먼지 센서의 핀은 입력으로 초기화한다.

```
void setup() {
    Serial.begin(115200);
    Serial1.begin(115200);

    /*############ 핀 설정 초기화 ############*/
    pinMode(LED0, OUTPUT);
    pinMode(LED1, OUTPUT);
    pinMode(LED2, OUTPUT);
    pinMode(LED3, OUTPUT);
    pinMode(A0, INPUT);
    /*######################################*/
```

모터, IMU, 지자계 센서를 각각 초기화하고, 모터의 초기상태를 STOP 상태로 지정한다.

```
    DroneMotorControl.initMotors(1); //초기 세팅이나, 모터 변속기에 이상이 있을 때 인지 값에 
1을 입력
    //DroneMotorControl.initMotors();
    DroneIMU.initIMU(); //IMU와의 통신을 초기화한다.
    mag.initialize(); //지자계 센서를 초기화한다.
    bmp.begin();

    DroneMotorControl.writeAllMotors(STOP_MOTOR);
    delay(1000);

    prev_sendDataCount = starttime = millis();
}
```

'loop()' 에서는 시간 계산을 위하여 변수를 선언하고, 센서 이벤트 처리를 위한 변수를 선언한다. 'computeIMU()'을 호출하여 가속도와 자이로 센서의 값을 받아온다.

```
void loop() {
    curr_sendDataCount = millis();

    sensors_event_t event;
    bmp.getEvent(&event);

    DroneIMU.computeIMU(); //가속도, 자이로 값을 받아온다.
```

if문을 이용하여 센서의 교정상태에 따른 동작을 실행한다. 센서가 교정되지 않은 상태이면 'enter CalMode()' 함수를 호출하여 교정을 시작하고, 그렇지 않는 경우는 지자계 센서의 교정을 시작한다.

```
    if(!mag.isCalibrated()) //만약 지자계 센서 교정이 완료되지 않았을 경우
    {
        if(!mag.isCalibrating()) //현재 센서 교정이 되지 않고있는 경우
        {
            Serial.println("Entering calibration mode");
            mag.enterCalMode(); //센서 교정모드로 진입한다.
        }
        else
        {
            mag.calibrate();  //지자계 센서 교정을 시작한다.
        }
    }
```

지자계 센서의 교정이 완료되었을 경우 읽어온 센서의 값을 x, y, z 변수에 각각 저장한다.

```
    else //만약 지자계 센서 교정이 완료되었을 경우
    {
        mag.readMag(&magSensor[0], &magSensor[1], &magSensor[2]); //지자계 센서 값을 읽어
서 x,y,z 변수에 값을 저장한다.
    }
```

if 문을 이용하여 압력 센서에 데이터가 발생하였을 때 읽어온 값을 변수에 저장한다.

```
    if (event.pressure)
    {
        qnh = event.pressure;
    }
```

if 문과 시간 계산관련 변수를 이용하여 일정 주기마다 먼지 센서의 값을 읽어온다. 읽어온 데이터는 변환을 하여 'dust' 변수에 저장한다. 온/습도 센서의 객체를 호출하여 온도, 습도의 값을 읽어와 변수에 저장한다. GPS 센서의 객체를 호출하여 위도, 경도 데이터를 읽어와 변수에 저장한다.

```
    if ((millis()-starttime) > sampletime_ms)
    {
        if(lowpulseoccupancy > 0)
        {
            ratio = lowpulseoccupancy/(sampletime_ms*10.0);  // Integer percentage 0=>100
            concentration  =  1.1*pow(ratio,3)-3.8*pow(ratio,2)+520*ratio+0.62;  //  using  spec
sheet curve
            dust = (int)concentration;
            lowpulseoccupancy = 0;
        }
        dht11.read();
        temperature = (int)dht11.temperature;
        humidity = (int)dht11.humidity;
        gps_data = DroneGPS.getGPSData(); //위도, 경도 데이터를 불러온다.
        starttime = millis();
    }
```

먼지 센서에 특정 펄스값 주기를 읽어온 데이터를 변환하여 값을 산출한다. 0.5초 간격으로 'sendDate()' 함수를 호출하여 데이터를 App으로 전송한다.

```
    duration = pulseIn(A0, LOW, 100000); //100ms
    lowpulseoccupancy = lowpulseoccupancy+duration;

    if( (curr_sendDataCount - prev_sendDataCount) > 500 )
    {
        sendData();
        prev_sendDataCount = curr_sendDataCount;
    }
}
```

'CalcMotorSpeed()'는 모터 출력 값을 계산하여 설정하는 함수이다. if 문을 이용하여 스로틀의 값이 급격하게 낮아지지 않도록 출력 값을 조정한다.

```
void CalcMotorSpeed()
{
    static int prevThrottle = throttle, currThrottle = STOP_MOTOR; //과거 쓰로틀 값과 현재 쓰로틀 값을 저장하는 변수를 선언한다.

    /*
     * 만약 변경해야할 쓰로틀 값이 과거 쓰로틀 값 보다 100이하인 경우
     * 급작스러운 모터 파워 변경을 최소화 하기 위하여 과거 쓰로틀 값에서 10을 뺀 값을 적용한다.
     *
     * 위 경우가 아닌 경우에는 변경할 쓰로틀 값을 바로 적용시킨다.
     */
    if( (prevThrottle-100) >= throttle )
        currThrottle = prevThrottle - 10;
    else
        currThrottle = throttle;
```

조이스틱에서 입력된 데이터(스로틀, Roll, Pitch, Yaw) 계산 후 각 모터별로 출력 값을 지정한다.

```
    DroneMotorControl.motor[3] = currThrottle + INC_RATE(yaw_output) + INC_RATE(roll_output) + INC_RATE(pitch_output); //9
    DroneMotorControl.motor[1] = currThrottle - INC_RATE(yaw_output) - INC_RATE(roll_output) + INC_RATE(pitch_output); //10
    DroneMotorControl.motor[0] = currThrottle + INC_RATE(yaw_output) - INC_RATE(roll_output) - INC_RATE(pitch_output); //5
    DroneMotorControl.motor[2] = currThrottle - INC_RATE(yaw_output) + INC_RATE(roll_output) - INC_RATE(pitch_output); //6

    DroneMotorControl.motor[0] = constrain(DroneMotorControl.motor[0], STOP_MOTOR, MAX_THROTTLE);
    DroneMotorControl.motor[1] = constrain(DroneMotorControl.motor[1], STOP_MOTOR, MAX_THROTTLE);
    DroneMotorControl.motor[2] = constrain(DroneMotorControl.motor[2], STOP_MOTOR, MAX_THROTTLE);
    DroneMotorControl.motor[3] = constrain(DroneMotorControl.motor[3], STOP_MOTOR, MAX_THROTTLE);

    prevThrottle = currThrottle;
}
```

'sendData()' 함수는 설정된 통신 프로토콜에 데이터를 담아서 전송하는 함수이다. 가속도, 자이로 센서의 값을 프로토콜 형식에 맞게 구성한다.

```
void sendData()
{
    unsigned char payload[32];
    unsigned char lrc;
    char* byteData;
    char courseCharacter; //위도, 경도에 따른 방위의 문자(N,S,E,W)들을 저장하는 변수
    int payloadIndex = 0; //payload 배열의 index를 지정하는 변수

    txPacket.cmd = PROTOCOL_CMD_IMU;
    txPacket.length[0] = '3';
    txPacket.length[1] = '1';
    memset(payload, 0, 32);
    payload[0] = PROTOCOL_MID_ACC_X;
    intToAscii4((DroneIMU.imu.accSmooth[PITCH]), (payload+1));
    payload[5] = PROTOCOL_MID_ACC_Y;
    intToAscii4((DroneIMU.imu.accSmooth[ROLL]), (payload+6));
    payload[10] = PROTOCOL_MID_ACC_Z;
    intToAscii4((DroneIMU.imu.accSmooth[YAW]), (payload+11));
    payload[15] = PROTOCOL_MID_GYRO_X;
    intToAscii4((DroneIMU.imu.gyroData[PITCH]), (payload+16));
    payload[20] = PROTOCOL_MID_GYRO_Y;
    intToAscii4((DroneIMU.imu.gyroData[ROLL]), (payload+21));
    payload[25] = PROTOCOL_MID_GYRO_Z;
    intToAscii4((DroneIMU.imu.gyroData[YAW]), (payload+26));
    memcpy(txPacket.payload, payload, 30);
    lrc = LRC_Calc(&txPacket.cmd, 31);
    txPacket.lrc[0] = Hex4ToAscii((lrc>>4) & 0x0F);
    txPacket.lrc[1] = Hex4ToAscii((lrc>>0) & 0x0F);
```

구성된 통신 프로토콜을 바이트 단위로 전송한다.

```
byteData = (char*)&txPacket;
for(int i=0; i<(31+4); i++)
{
    Serial1.write(*byteData);
    byteData++;
}

byteData = (char*)&txPacket.lrc;
for(int i=0; i<3; i++)
{
    Serial1.write(*byteData);
    byteData++;
}
```

지자계 센서의 값을 프로토콜 형식에 맞게 구성한다.

```
txPacket.length[0] = '1';
txPacket.length[1] = '6';
memset(payload, 0, 32);
payload[0] = PROTOCOL_MID_MAG_X;
intToAscii4(magSensor[0], (payload+1));
payload[5] = PROTOCOL_MID_MAG_Y;
intToAscii4(magSensor[1], (payload+6));
payload[10] = PROTOCOL_MID_MAG_Z;
intToAscii4(magSensor[2], (payload+11));

memcpy(txPacket.payload, payload, 15);
lrc = LRC_Calc(&txPacket.cmd, 16);
txPacket.lrc[0] = Hex4ToAscii((lrc>>4) & 0x0F);
txPacket.lrc[1] = Hex4ToAscii((lrc>>0) & 0x0F);
```

구성된 통신 프로토콜을 바이트 단위로 전송한다.

```
byteData = (char*)&txPacket;
for(int i=0; i<(16+4); i++)
{
    Serial1.write(*byteData);
    byteData++;
}

byteData = (char*)&txPacket.lrc;
for(int i=0; i<3; i++)
{
    Serial1.write(*byteData);
    byteData++;
}
```

온/습도, 먼지, 기압계, GPS 센서의 값을 프로토콜 형식에 맞게 구성한다.

```
txPacket.cmd = PROTOCOL_CMD_SENSOR;
txPacket.length[0] = '5';
txPacket.length[1] = '1';
memset(payload, 0, 32);
payload[0] = PROTOCOL_MID_TEMP;
intToAscii4(temperature, (payload+1));
payload[5] = PROTOCOL_MID_HUMI;
intToAscii4(humidity, (payload+6));
payload[10] = PROTOCOL_MID_DUST;
intToAscii4((int)dust, (payload+11));
payload[15] = PROTOCOL_MID_QNH;
intToAscii4((int)qnh, (payload+16));
qnh *= 100.0;
payload[20] = '.';
qnh = abs((float)(((int)qnh)%100));
payload[21] = Hex4ToAscii((unsigned char)(qnh/10));
qnh = abs((float)(((int)qnh)%10));
payload[22] = Hex4ToAscii((unsigned char)(qnh));
payload[23] = PROTOCOL_MID_LATI;
```

if 조건문을 이용하여 GPS 센서의 위도의 방위가 북위일 경우 'N'을 변수에 저장하고, 북위가 아닌 경우 남위를 뜻하는 문자 'S'를 변수에 저장한다. 저장한 위도의 데이터를 어플리케이션에 표시하기 위하여 데이터를 문자로 변환하고, 해당 데이터 프로토콜에 추가한다.

```
        if(gps_data.latitude_course == GPS_NORTH)
                courseCharacter = 'N'; //위도의 방위가 북일 경우 북위를 뜻하는 문자 N을 변수
에 저장한다.
        else
                courseCharacter = 'S'; //위도의 방위가 북이 아닌 경우 남위를 뜻하는 문자 S를
변수에 저장한다.

        //위도 데이터를 안드로이드앱에 표시하기 위하여 데이터를 문자열로 변환한다.
    String latitudeDataString =
    String(gps_data.latitude_degree) + String(" ") + String(gps_data.latitude_minute) + String(" ")
+ String(gps_data.latitude_second) + String(courseCharacter);

        //12Byte의 길이를 맞추어야 하기 때문에, 만약 12Byte보다 문자열의 길이가 적을 경우 적은
만큼 앞쪽에 0x00 데이터를 입력한다.
        for(payloadIndex = 0; payloadIndex < (12-latitudeDataString.length()); payloadIndex++)
        {
                payload[24 + payloadIndex] = 0x00;
        }
        latitudeDataString.toCharArray(payload+24+payloadIndex, latitudeDataString.length()+1);
```

GPS 센서의 경도의 방위가 동경일 경우 'E'을 변수에 저장하고, 북위가 아닌 경우 서경을 뜻하는 문자 'W'를 변수에 저장한다. 저장한 경도의 데이터를 어플리케이션에 표시하기 위하여 데이터를 문자로 변환하고, 해당 데이터 프로토콜에 추가한다.

```
        //경도 데이터를 payload에 적용한다.
        payload[36] = PROTOCOL_MID_LONG;

        if(gps_data.longitude_course == GPS_EAST)
                courseCharacter = 'E'; //경도의 방위가 동일 경우 동경를 뜻하는 문자 E을 변수
에 저장한다.
        else
                courseCharacter = 'W'; //경도의 방위가 서가 아닌 경우 서경를 뜻하는 문자 W
를 변수에 저장한다.

        //경도 데이터를 안드로이드앱에 표시하기 위하여 데이터를 문자열로 변환한다.
    String longitudeDataString =
    String(gps_data.longitude_degree) + String(" ") + String(gps_data.longitude_minute) +
String(" ") + String(gps_data.longitude_second) + String(courseCharacter);
```

```
        //13Byte의 길이를 맞추어야 하기 때문에, 만약 13Byte보다 문자열의 길이가 적을 경우 적은 만큼 앞쪽에 0x00 데이터를 입력한다.
        for(payloadIndex = 0; payloadIndex < (13-longitudeDataString.length()); payloadIndex++)
        {
                payload[37 + payloadIndex] = 0x00;
        }
        longitudeDataString.toCharArray(payload+37+payloadIndex, longitudeDataString.length()+1);
```

센서의 값을 프로토콜 형식에 맞게 구성한다.

```
    memcpy(txPacket.payload, payload, 50);
    lrc = LRC_Calc(&txPacket.cmd, 51);
    txPacket.lrc[0] = Hex4ToAscii((lrc)>>4) & 0x0F);
    txPacket.lrc[1] = Hex4ToAscii((lrc)>>0) & 0x0F);
```

구성된 통신 프로토콜을 바이트 단위로 전송한다.

```
    byteData = (char*)&txPacket;
    for(int i=0; i<(51+4); i++)
    {
        Serial1.write(*byteData);
        byteData++;
    }
    byteData = (char*)&txPacket.lrc;
    for(int i=0; i<3; i++)
    {
        Serial1.write(*byteData);
        byteData++;
    }
```

Roll, Pitch, Yaw 값을 프로토콜 형식에 맞게 구성한다.

```
    txPacket.length[0] = '1';
    txPacket.length[1] = '6';
    memset(payload, 0, 32);
    payload[0] = PROTOCOL_MID_ROLL;
    intToAscii4((int)(DroneIMU.att.angle[ROLL]/10), (payload+1));
    payload[5] = PROTOCOL_MID_PITCH;
    intToAscii4((int)(DroneIMU.att.angle[PITCH]/10), (payload+6));
    payload[10] = PROTOCOL_MID_YAW;
    intToAscii4((int)DroneIMU.att.heading, (payload+11));

    memcpy(txPacket.payload, payload, 15);
    lrc = LRC_Calc(&txPacket.cmd, 16);
    txPacket.lrc[0] = Hex4ToAscii((lrc>>4) & 0x0F);
    txPacket.lrc[1] = Hex4ToAscii((lrc>>0) & 0x0F);
```

구성된 통신 프로토콜을 바이트 단위로 전송한다.

```
    byteData = (char*)&txPacket;
    for(int i=0; i<(16+4); i++)
    {
        Serial1.write(*byteData);
        byteData++;
    }

    byteData = (char*)&txPacket.lrc;

    for(int i=0; i<3; i++)
    {
        Serial1.write(*byteData);
        byteData++;
    }
}
```

'intToAscii4()' 함수는 통신 프로토콜에서 저장되는 정수 형태의 데이터를 아스키코드(ASCII) 형태로 변환한다.

```
void intToAscii4(int data, unsigned char* buf)
{
    int index = 0, dec= 1000;
    if(data > 9999 || data < -999)
    {
        data = 0;
    }
    if(data >= 0)
    {
        for(index = 0; index<4; index++)
        {
            buf[index] = Hex4ToAscii((unsigned char)(data/dec));
            data %= dec;
            dec/=10;
        }
    }
  else
    {
        buf[0] = '-';
        data *= -1;
        dec = 100;
        for(index = 1; index<4; index++)
        {
            buf[index] = Hex4ToAscii((unsigned char)(data/dec));
            data %= dec;
            dec/=10;
        }
    }
}
```

'Hex4ToAscii()' 함수는 통신 프로토콜에서 저장되는 문자열 형태의 데이터를 아스키코드(ASCII) 형태로 변환한다.

```
unsigned char Hex4ToAscii(unsigned char d)
{
    unsigned char result = 0;
    d &= 0x0F;
    if(d <= 9)
    {
        result = (d + '0');
    }
    else
    {
        result = (d - 0x0a) + 'a';
    }
    return result;
}
```

'AsciiToHex()' 함수는 아스키 코드 변환을 위하여 사용한다.

```
unsigned char AsciiToHex(unsigned char d)
{
    if( ('a' <= d) && (d <= 'f') )
    {
        return ((d - 'a') + 10);
    }
    if( ('A' <= d) && (d <= 'F') )
    {
        return ((d - 'A') + 10);
    }
    if( ('0' <= d) && (d <= '9') )
    {
        return ((d - '0'));
    }
    return 0;
}
```

'LRC_Calc()' 함수는 통신 프로토콜에 구성되는 LRC의 값을 계산하는 함수이다.

```
unsigned char LRC_Calc(unsigned char* payload, unsigned int paramLength)
{
    uint32_t LRC_Sum = 0;
    unsigned char result = 0;

    for(int _arrIndex = 0; _arrIndex<paramLength; _arrIndex++)
    {
        LRC_Sum += (uint32_t)payload[_arrIndex];
    }
    result = ((~LRC_Sum) & 0xFF) + 0x01;
    return result;
}

enum{
    RECV_STX,
    RECV_ETX
};
```

'serialEvent1' 함수는 App으로부터 전송된 제어데이터를 처리하는 함수이다.

```
void serialEvent1()
{
    static char recvFlag = 0;
    static char rxBuffer[64];
    static unsigned int recvLength = 0;
    char d;
    while(Serial1.available())
    {
        d = Serial1.read();
        if( d == PROTOCOL_STX )
        {
            recvFlag = 0;
            recvFlag |= _BV(RECV_STX);
            recvLength = 0;
            rxBuffer[recvLength++] = d;
        }
        else if( (d == PROTOCOL_ETX) && (recvFlag & _BV(RECV_STX)) )
        {
            rxBuffer[recvLength++] = d;
            recvFlag |= _BV(RECV_ETX);
            break;
```

```
        }
        else if((recvFlag & _BV(RECV_STX)) && !(recvFlag & _BV(RECV_ETX)))
        {
            rxBuffer[recvLength++] = d;
        }
    }
```

전송된 데이터를 배열 변수에 각각 저장한다.

```
    if((recvFlag & _BV(RECV_ETX)))
    {
        char dataParam[5];
        char recvLRC = 0, calcLRC = 0;
        unsigned int payloadLength = 0;
        String strData;
        memcpy((void*)&rxPacket, rxBuffer, recvLength - 3);
        rxPacket.lrc[0] = rxBuffer[recvLength-3];
        rxPacket.lrc[1] = rxBuffer[recvLength-2];
        rxPacket.etx = rxBuffer[recvLength-1];

        payloadLength = ((rxPacket.length[0] & (~0x30)) * 10) + (rxPacket.length[1] &
(~0x30));
        recvLRC = (AsciiToHex(rxPacket.lrc[0]) << 4) | (AsciiToHex(rxPacket.lrc[1]) << 0 );
        calcLRC = LRC_Calc(&rxPacket.cmd, payloadLength);
```

switch~case 구문을 이용하여 제어 데이터가 전송되었을 때 해당 LED를 제어한다.

```
        if( (rxPacket.id == PROTOCOL_ID) && (recvLRC == calcLRC) )
        {
            for(int i=0; i<(payloadLength-1); i++)
            {
                if( (rxPacket.payload[i] & 0x80) )
                {
                    switch(rxPacket.cmd)
                    {
                        case PROTOCOL_CMD_CONTROL:
                            switch(rxPacket.payload[i])
                            {
                                case PROTOCOL_MID_CONTROL_LED0:
                                digitalWrite(LED0, (rxPacket.payload[++i] & (~0x30)));
                                break;
                                case PROTOCOL_MID_CONTROL_LED1:
```

```
digitalWrite(LED1, (rxPacket.payload[++i] & (~0x30)));
break;
case PROTOCOL_MID_CONTROL_LED2:
digitalWrite(LED2, (rxPacket.payload[++i] & (~0x30)));
break;
case PROTOCOL_MID_CONTROL_LED3:
digitalWrite(LED3, (rxPacket.payload[++i] & (~0x30)));
break;
```

조이스틱의 스로틀과 Yaw 값에 따라 드론 모터의 출력값을 조정한다.

```
case PROTOCOL_MID_CONTROL_THROTTLE:
memcpy(dataParam, (rxPacket.payload+i+1), 4);
dataParam[4] = 0;
strData = String(dataParam);
throttle = strData.toInt();
if(throttle == 0) throttle = 1010;

else throttle = map(throttle, 1, 100, MIN_THROTTLE, 1200);
i+=4;
break;
case PROTOCOL_MID_CONTROL_YAW:
memcpy(dataParam, (rxPacket.payload+i+1), 4);
dataParam[4] = 0;
strData = String(dataParam);
yaw_output = map(strData.toInt(), -100, 100, -45, 45) * -1;
i+=4;
break;
```

조이스틱의 Roll, Pitch 값에 따라 드론 모터의 출력값을 조정한다.

```
case PROTOCOL_MID_CONTROL_ROLL:
memcpy(dataParam, (rxPacket.payload+i+1), 4);
dataParam[4] = 0;
strData = String(dataParam);
roll_output = map(strData.toInt(), -100, 100, -45, 45);
i+=4;
break;
case PROTOCOL_MID_CONTROL_PITCH:
memcpy(dataParam, (rxPacket.payload+i+1), 4);
dataParam[4] = 0;
```

```
                                        strDataa = String(dataParam);
```

조정된 모터의 출력값에 따라서 드론의 모터를 제어한다.

```
                        }
                    }
                }
                CalcMotorSpeed();
                DroneMotorControl.writeMotors();
            }
            memset(rxBuffer, 0, (sizeof(rxBuffer)/sizeof(char)));
            recvFlag = 0;
        }
}
```

16-1-3 컴파일 및 업로드

① 아두이노 프로그램에서 확인( ) 아이콘을 클릭하여 컴파일이 수행되는 것이 하단의 Build 창에 보이는 것을 확인할 수 있다.

② 장비와 같이 제공되는 USB Cable을 이용하여 아두이노에 업로드 한다. 아래와 같이 장비와 USB Cable을 연결한다.

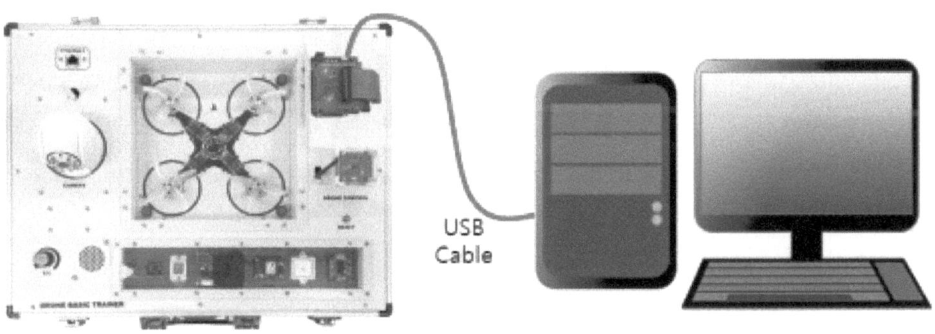

[그림 16-1] PC와 장비 연결

③ '툴'을 선택하여 아두이노 보드의 종류와 연결된 COM 포트를 각각 선택한다.

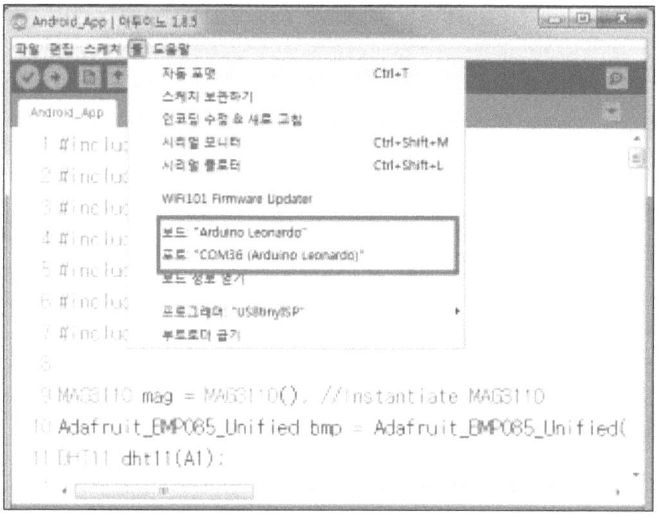

[그림 16-2] 컴포트 선택

④ 아두이노 프로그램에서 업로드() 아이콘을 클릭하여 아두이노에 업로드한다.

16-1-4 결과 확인

① 앞 장의 'Application 사용 환경 구축'을 참고하여 장비 사용을 준비하고, 어플리케이션을 실행한다.

② 장비와 WIFI, 블루투스로 통신이 연결되면 다음과 같이 나타난다.

[그림 16-3] 연결된 상태

③ 카메라 영상 하단의 LED0~LED3 버튼을 선택하면 각각의 모터 아래의 LED가 ON/OFF 된다.

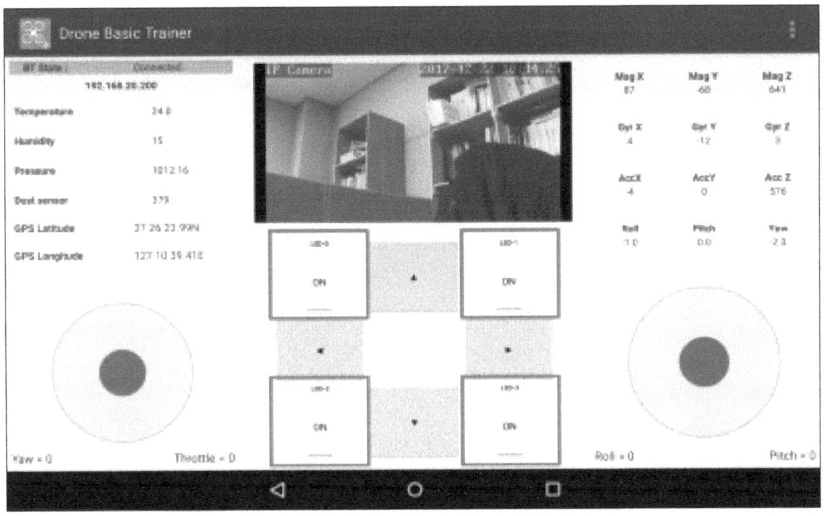

[그림 16-4] LED 제어

④ LED 버튼과 함께 상/하/좌/우 버튼은 카메라 이동을 제어한다.

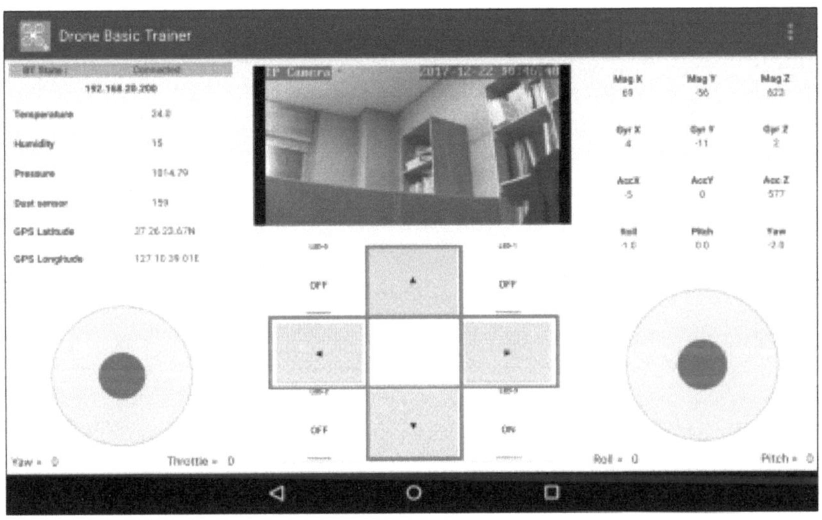

[그림 16-5] 카메라 제어

⑤ 왼쪽 상단에는 온/습도 센서, 기압 센서, 먼지 센서, GPS 센서의 값이 출력된다. 송풍기 조절기를 동작시켜 각 센서 값들이 변경되는 것을 확인할 수 있다. GPS의 경우 실내에서는 최대한 창문과 근접한 곳에서 확인한다.

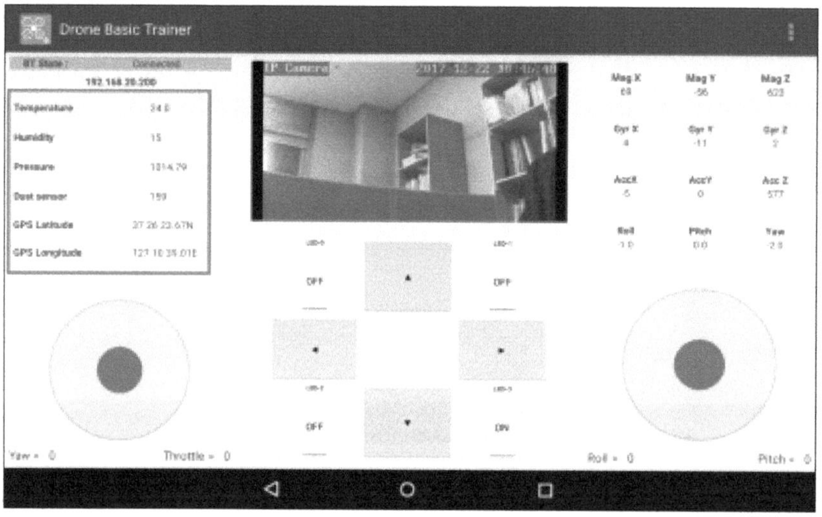

[그림 16-6] 센서 값 모니터링

⑥ 오른쪽 상단에는 가속도/자이로/지자계 센서의 값이 출력된다. 컨트롤 보드를 움직이면 센서의 값이 변경되어 출력되는 것을 확인할 수 있다.

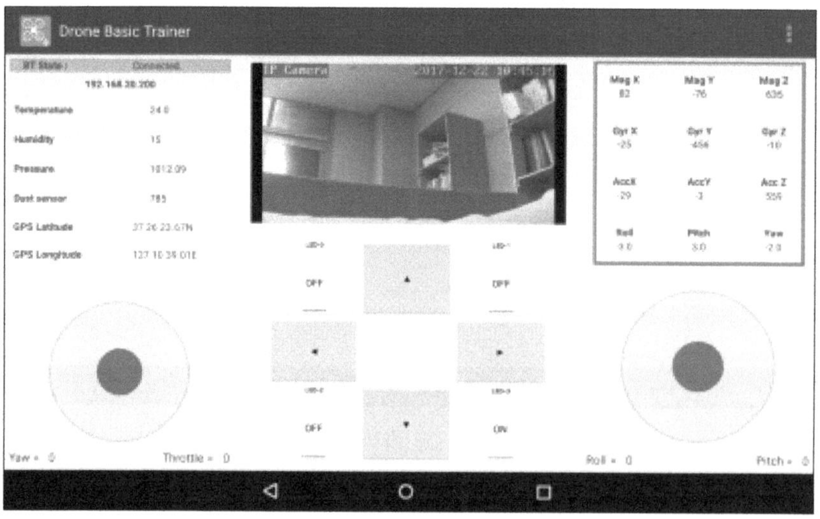

[그림 16-7] 센서 값 모니터링

⑦ 하단 좌/우에는 조이스틱이 있다. 조이스틱을 움직이면 드론의 모터 회전을 제어할 수 있다. 모터가 회전하기 위해서는 왼쪽의 조이스틱을 아래로 내렸다가 움직이면 속도가 제어된다(Throttle 값 변화).모터 정지시에도 왼쪽의 조이스틱을 아래로 내리고 있으면 모터가 정지한다.

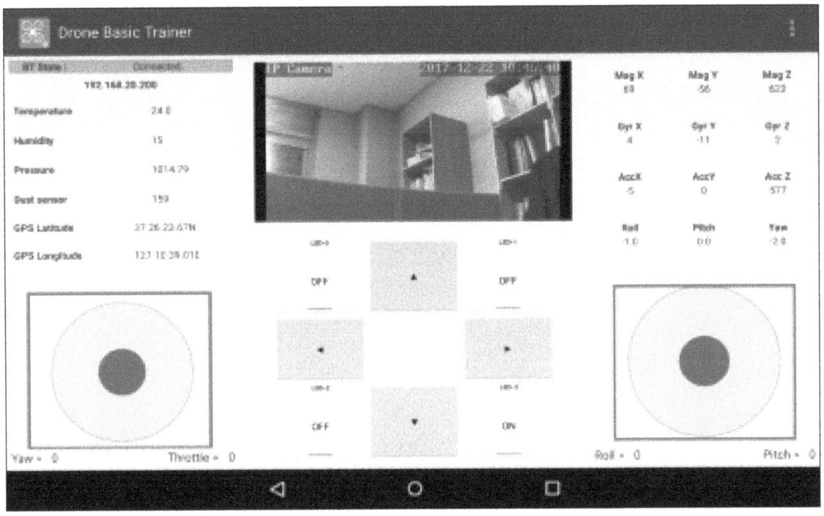

[그림 16-8] 드론 제어

부 록 [라이브러리]

▶ 실습에서 자주 사용하는 라이브러리들을 모아서 설명하였다.

부록 1 DHT11

온/습도 센서를 사용하기 위한 라이브러리. 온/습도 측정에 사용되는 함수들이 포함되어 있다. 각각의 함수들의 세부 내용은 “DHT11.cpp”에 정의되어 있다.

(1) dht11.DHT11(int _dht_pin)

‘dht11.DHT11()’는 DHT11 센서를 초기화하는 함수이다.

- 호출시 센서와 연결되어있는 디지털 핀의 값을 인자 값으로 받아온다.
- 센서가 연결된 핀을 출력으로 설정한다.
- 센서가 연결된 핀을 HIGH로 설정한다.

```
DHT11::DHT11(int _dht_pin)//Init DHT11 status
{
        _DHT_PIN = _dht_pin;
        pinMode(_DHT_PIN, OUTPUT);
        digitalWrite(_DHT_PIN, HIGH);
}
```

[Library] DHT11.cpp - ‘dht11.DHT11()’

(2) dht11.read()

‘dht11.read()’ 함수는 연결되어 있는 센서의 값을 읽어올 때 사용한다.

- 온/습도 센서가 연결된 핀으로부터 값을 읽어와 배열로 저장한다.
- 앞의 2개의 배열은 습도 값을 저장하고, 뒤의 2개의 배열은 온도 값을 저장한다.

```
void DHT11::read()
{
  uint8_t dht_in;
  uint8_t i;
        pinMode(_DHT_PIN, OUTPUT);
  digitalWrite(_DHT_PIN, LOW);
  delay(20);

  digitalWrite(_DHT_PIN, HIGH);
```

[Library] DHT11.cpp - ‘dht11.read()’(1/2)

```
    delayMicroseconds(40);
    pinMode(_DHT_PIN, INPUT);
    //delayMicroseconds(40);
    dht_in = digitalRead(_DHT_PIN);

    if (dht_in){
            DHT_ERR = 1;
            return;
    }
    delayMicroseconds(80);
    dht_in = digitalRead(_DHT_PIN);

    if (!dht_in){
            DHT_ERR = 2;
            return;
    }
    delayMicroseconds(80);
    for (i = 0; i<5; i++)
    _dht_data_array[i] = read_dht_data();
    pinMode(_DHT_PIN, OUTPUT);
    digitalWrite(_DHT_PIN, HIGH);
    byte dht_check_sum =
    _dht_data_array[0] + _dht_data_array[1] + _dht_data_array[2] + _dht_data_array[3];
    if (_dht_data_array[4] != dht_check_sum)
    {
            DHT_ERR = 3;
    }
    humidity = (float)_dht_data_array[0] + ((float)_dht_data_array[1]/100.0);
    temperature = (float)_dht_data_array[2] + ((float)_dht_data_array[3]/100.0);
}
```

[Library] DHT11.cpp - 'dht11.read()'(2/2)

(3) dht11.read_dht_data()

'dht11.read_dht_data()' 함수는 센서의 값을 읽어올 때 함께 호출된다.

- 센서 값이 입력될 때까지 기다린다.
- 센서 값이 입력되면 센서 값을 읽어와 배열 변수 '_dht_result'에 순차적으로 저장한다.
- '_dht_result'에 저장된 값을 리턴한다.

```
uint8_t DHT11::read_dht_data()
{
	uint8_t _dht_i=0;
	uint8_t _dht_result=0;

	for(_dht_i=0; _dht_i<8; _dht_i++)
	{
		while(digitalRead(_DHT_PIN) == 0);
		delayMicroseconds(30);
		if(digitalRead(_DHT_PIN) == 1)
			_dht_result |= (1 << (7 - _dht_i));
		while(digitalRead(_DHT_PIN) == 1);
	}
	return _dht_result;
}
```

[Library] DroneIMU.cpp – 'read_dht_data()'

부록 2 DroneIMU

드론 가속도/자이로 센서를 사용하기 위한 라이브러리. 가속도/자이로 센서 값 계산 및 처리 방법에 사용되는 함수들이 포함되어 있다. 각각의 함수들의 세부 내용은 "DroneIMU.cpp"에 정의되어 있다.

(1) DroneIMU.initIMU()

'DroneIMU.initIMU()'는 가속도/자이로 센서를 초기화하는 함수이다.

- 'i2c_init()'는 I2C 통신을 초기화한다.
- 'Gyro_init()'와 'ACC_init()'는 각각 자이로/가속도 센서를 초기화한다.
- 가속도 센서의 교정 레벨 테스트 값을 초기화하기 위하여 'acc_25deg' 변수를 선언하고, 25도 단위의 값을 계산하여 저장한다.
- 인자 값 'f.I2C_INIT_DONE'를 1로 설정하여 I2C 통신 모드를 활성화한다. 'f.I2C_INIT_DONE' 인자값에 대한 설정은 'DroneIMU.h'에 선언되어 있다.

```
void _DroneIMU::initIMU()
{
        i2c_init();
        delay(100);
        Gyro_init();
        Mag_init();
        ACC_init();
        acc_25deg = acc_1G * 0.423;
        f.I2C_INIT_DONE = 1;
}
```

[Library] DroneIMU.cpp – 'initIMU()'

(2) DroneIMU.computeIMU()

'DroneIMU.computeIMU()'는 가속도/자이로 센서의 각 축(X축, Y축, Z축)의 데이터를 읽어오는 함수이다.

- 축을 위한 변수 'axis'를 선언한다.
- 자이로 센서에 각 축의 변환된 값을 받아올 배열변수 'gyroADCprevious[]'를 선언한다.
- 자이로 센서의 각 축의 계산에 사용될 배열변수 'gyroADCp[]'와 'gyroADCinter[]'를 선언한다.
- 시간 계산을 위한 변수 'timeInterleave'를 생성하고, 기본 값을 0으로 설정한다.

```
void _DroneIMU::computeIMU () {
        uint8_t axis;
        static int16_t gyroADCprevious[3] = {0,0,0};
        int16_t gyroADCp[3];
        int16_t gyroADCinter[3];
        static uint32_t timeInterleave = 0;
```

[Library] DroneIMU.cpp – 'computeIMU()'(1/3)

- 'ACC_getADC()'와 'Gyro_getADC()' 함수를 호출하여 가속도/자이로 센서의 각 축(Roll, Pitch, Yaw)에 대한 값을 받아온다.
- 가속도 센서 값을 읽을 때 발생하는 노이즈와 에러 값을 조정하기 위하여 'getEstimatedAttitude()' 함수를 호출한다.

```
  do{
        ACC_getADC();
        getEstimatedAttitude();
        Gyro_getADC();
    for (axis = 0; axis < 3; axis++)
        gyroADCp[axis] =  imu.gyroADC[axis];
    timeInterleave=micros();
```

[Library] DroneIMU.cpp – 'computeIMU()'(2/3)

- 'Gyro_getADC()' 함수를 호출하여 데이터를 받아온다.
- for 문을 이용하여 'imu.gyroData[]' 배열 변수에 Roll, Pitch, Yaw의 값을 순차적으로 넣어준다.

```
    if ((micros()-timeInterleave)>650) {
    } else {
       while((micros()-timeInterleave)<650) ; //empirical, interleaving delay between 2
consecutive reads
    }
        Gyro_getADC();
    for (axis = 0; axis < 3; axis++) {
        gyroADCinter[axis] =  imu.gyroADC[axis]+gyroADCp[axis];
        // empirical, we take a weighted value of the current and the previous values
        imu.gyroData[axis] = (gyroADCinter[axis]+gyroADCprevious[axis])/3;
        gyroADCprevious[axis] = gyroADCinter[axis]>>1;
    }
    if(max(calibratingG, calibratingA) > 0)delayMicroseconds(2800);
  }while(max(calibratingG, calibratingA) > 0);
}
```

[Library] DroneIMU.cpp – 'computeIMU()'(3/3)

(3) ACC_getADC()

'ACC_getADC()' 함수는 가속도 센서의 각 축(X축, Y축, Z축)의 Raw Data를 I2C 통신으로 읽어 배열에 순차적으로 저장한다.

- 아두이노가 Leonardo 또는 2560 보드일 경우에는 'i2c_getSixRawADC()' 함수를 호출하여 'MPU6050_ADDRESS' 주소의 '0x3B' 레지스터에서 데이터 버퍼를 읽어오도록 설정한다.
- 읽어온 데이터는 'ACC_ORIENTATION()'에 선언되어 있는 배열변수 'rawADC[0~5]'에 순차적으로 저장된다.
- 그 외의 보드를 사용하는 경우에는 'wire1'을 호출하여 I2C 통신 초기화를 설정한다.
- 'Wire1.beginTransmission()'를 선언하여 전송을 시작하기 위한 주소 값을 지정한다.
- 'wire1.write()' 함수로 'MPU6050_REG_ACCEL_XOUT_H'의 데이터 버퍼를 저장한다.
- 'Wire1.endTransmission()'를 호출하여 데이터 버퍼를 전송한다.
- 'Wire1.beginTransmission()' 함수를 사용하여 전송을 시작하기 위한 주소 값을 지정한다.
- 'Wire1.requestFrom()' 함수로 'MPU6050_ADDRESS' 인자 값에 저장된 데이터를 6바이트만큼 요청한다. 인자 값에 대한 정보는 'DroneIMU.h'에 선언되어 있다.

```
void _DroneIMU::ACC_getADC () {
  #if defined(__AVR_ATmega32U4__) || defined(__AVR_ATmega2560__)
  i2c_getSixRawADC(MPU6050_ADDRESS, 0x3B);

  ACC_ORIENTATION( (((rawADC[0]<<8) | rawADC[1])>>3) ,
                   (((rawADC[2]<<8) | rawADC[3])>>3) ,
                   (((rawADC[4]<<8) | rawADC[5])>>3) );
  #else
  Wire1.beginTransmission(MPU6050_ADDRESS);
  Wire1.write(MPU6050_REG_ACCEL_XOUT_H);
  Wire1.endTransmission();

  Wire1.beginTransmission(MPU6050_ADDRESS);
  Wire1.requestFrom(MPU6050_ADDRESS, 6);
```

[Library] DroneIMU.cpp – 'ACC_getADC()'(1/3)

- I2C 통신으로 수신된 데이터가 6미만일 때 I2C 통신으로 읽어온 데이터를 for 문을 이용하여 배열 변수 'rawADC[]'에 순차적으로 저장한다.

```
  while (Wire1.available() < 6);

  for(int i=0; i<6; i++)
  {
    rawADC[i] = Wire1.read();
  }
```

[Library] DroneIMU.cpp - 'ACC_getADC()'(2/3)

- 'ACC_Common()' 함수를 호출하여 Raw Data 값을 변환한다.

```
  ACC_ORIENTATION( (((int16_t)((int16_t)rawADC[0]<<8) | (int16_t)rawADC[1]))>>3) ,
                   (((int16_t)((int16_t)rawADC[2]<<8) | (int16_t)rawADC[3]))>>3) ,
                   (((int16_t)((int16_t)rawADC[4]<<8) | (int16_t)rawADC[5]))>>3) );
  #endif //#if defined(__AVR_ATmega32U4__) || defined(__AVR_ATmega2560__)

  ACC_Common();
}
```

[Library] DroneIMU.cpp – 'ACC_getADC()'(3/3)

(4) ACC_Common()

'ACC_Common()' 함수는 'ACC_getADC()'에서 받아온 가속도 센서의 각 축의 Raw data 값을 변환하여 Roll, Pitch, Yaw 변수에 저장하는 함수이다.

- for 문을 이용하여 각 축의 데이터를 0으로 맞추고, 'a[axis]' 배열 변수에 순차적으로 저장한다.

```
void _DroneIMU::ACC_Common() {
  static int32_t a[3];

  if(calibratingA>0) {
    for (uint8_t axis = 0; axis < 3; axis++) {
      // Reset a[axis] at start of calibration
      if (calibratingA == 512) a[axis]=0;          // Sum up 512 readings
      a[axis] +=imu.accADC[axis];
      imu.accADC[axis]=0;                            // Clear global variables for next
reading
      global_conf.accZero[axis]=0;
    }
```

[Library] DroneIMU.cpp – 'ACC_Common()'(1/2)

- 각 축의 값을 'global_conf.accZero[]' 변수에 각각 저장한다. 기존의 Raw Data가 저장된 변수 'imu.accADC[]'에 'global_conf.accZero[각 축]'의 차를 계산하여 각 축의 값을 산출한다.

```
    if (calibratingA == 1) {
      global_conf.accZero[ROLL]   = a[ROLL]>>9;
      global_conf.accZero[PITCH] = a[PITCH]>>9;
      global_conf.accZero[YAW]    = (a[YAW]>>9)-acc_1G; // for nunchuk 200=1G
    }
    calibratingA--;
  }
  imu.accADC[ROLL]   -=  global_conf.accZero[ROLL] ;
  imu.accADC[PITCH] -=  global_conf.accZero[PITCH];
  imu.accADC[YAW]    -=  global_conf.accZero[YAW] ;
}
```

[Library] DroneIMU.cpp – 'ACC_Common()'(2/2)

(5) Gyro_getADC()

'Gyro_getADC()' 함수는 자이로 센서의 각 축(X축, Y축, Z축)의 Raw Data를 I2C 통신으로 읽어 배열에 순차적으로 저장한다.

- 아두이노가 Leonardo 또는 2560 보드일 경우에는 'i2c_getSixRawADC()' 함수를 호출하여 'MPU6050_ADDRESS' 주소의 '0x43' 레지스터에서 데이터 버퍼를 읽어오도록 설정한다.
- 읽어온 데이터는 'GYRO_ORIENTATION()'에 선언되어 있는 배열변수 'rawADC[0~5]'에 순차적으로 저장된다.

```
void _DroneIMU::Gyro_getADC () {
    #if defined(__AVR_ATmega32U4__) || defined(__AVR_ATmega2560__)
    i2c_getSixRawADC(MPU6050_ADDRESS, 0x43);
        // range: +/- 8192; +/- 2000 deg/sec
    GYRO_ORIENTATION( (((rawADC[0]<<8) | rawADC[1])>>2) ,
                      (((rawADC[2]<<8) | rawADC[3])>>2) ,
                      (((rawADC[4]<<8) | rawADC[5])>>2) );
```

[Library] DroneIMU.cpp – 'Gyro_getADC()'(1/3)

- 그 외의 보드를 사용하는 경우에는 'wire1'을 호출하여 I2C 통신 초기화를 설정한다.
- 'Wire1.beginTransmission()'를 선언하여 전송을 시작하기 위한 주소 값을 지정한다.
- 'wire1.write()' 함수로 'MPU6050_REG_GYRO_XOUT_H"의 데이터 버퍼를 저장한다.
- 'Wire1.endTransmission()'를 호출하여 데이터 버퍼를 전송한다.
- 'Wire1.beginTransmission()'를 선언하여 전송을 시작하기 위한 주소 값을 지정한다.

- 'Wire1.requestFrom()' 함수로 'MPU6050_ADDRESS' 인자 값에 저장된 데이터를 6바이트만큼 요청한다. 인자 값에 대한 정보는 'DroneIMU.h'에 선언되어 있다.

```
#else
Wire1.beginTransmission(MPU6050_ADDRESS);
        Wire1.write(MPU6050_REG_GYRO_XOUT_H);
Wire1.endTransmission();

Wire1.beginTransmission(MPU6050_ADDRESS);
Wire1.requestFrom(MPU6050_ADDRESS, 6);
```

[Library] DroneIMU.cpp – 'Gyro_getADC()'(2/3)

- I2C 통신으로 수신된 데이터가 6미만일 때 I2C 통신으로 읽어온 데이터를 for 문을 이용하여 배열 변수 'rawADC[]'에 순차적으로 저장한다.
- 'GYRO_Common()' 함수를 호출하여 Raw Data 값을 변환한다.

```
    while (Wire1.available() < 6);
    for(int i=0; i<6; i++)
    {
      rawADC[i] = Wire1.read();
    }
    GYRO_ORIENTATION( (((int16_t)((int16_t)rawADC[0]<<8) | (int16_t)rawADC[1]))>>2) ,
                      (((int16_t)((int16_t)rawADC[2]<<8) | (int16_t)rawADC[3]))>>2) ,
                      (((int16_t)((int16_t)rawADC[4]<<8) | (int16_t)rawADC[5]))>>2) );
    #endif //#if defined(__AVR_ATmega32U4__) || defined(__AVR_ATmega2560__)
    GYRO_Common();
}
```

[Library] DroneIMU.cpp – 'Gyro_getADC()'(3/3)

(6) GYRO_Common()

'GYRO_Common()' 함수는 'Gyro_getADC()'에서 받아온 가속도 센서의 각 축의 Raw data 값을 Roll, Pitch, Yaw 변수에 저장하는 함수이다.

- 연산된 자이로 센서의 각 축의 값이 저장될 배열변수 'previousGyroADC[3]', 각 축의 영점 조절 값이 저장될 배열변수 'g[3]', 축 변수 'axis'를 선언한다.
- for 문을 이용하여 'a[axis]' 변수에 저장된 각 축의 데이터를 0으로 맞춰주고, 'imu.gyroADC[axis]' 변수의 값을 더하여 갱신한다.
- 각 축의 값 계산을 위하여 'imu.gyroADC[axis]'와 'gyroZero[axis]' 배열 변수의 값을 0으로 설정한다.

```
void _DroneIMU::GYRO_Common() {
  static int16_t previousGyroADC[3] = {0,0,0};
  static int32_t g[3];
  uint8_t axis, tilt = 0;

  if (calibratingG>0) {
    for (axis = 0; axis < 3; axis++) {
      // Reset g[axis] at start of calibration
      if (calibratingG == 512) {
        g[axis]=0;
      }
      // Sum up 512 readings
      g[axis] +=imu.gyroADC[axis];
      // Clear global variables for next reading
      imu.gyroADC[axis]=0;
      gyroZero[axis]=0;
```

[Library] DroneIMU.cpp – 'GYRO_Common()'(1/2)

- if 문을 사용하여 현재 캘리브레이션 상태 저장변수의 값이 1일 때 'g[axis]' 변수에 저장된 값을 9만큼 시프트(>>) 하여 저장하고, 캘리브레이션 상태 변수를 1씩 감소하여 연산자를 사용하여 0으로 설정한다.
- for 문을 이용하여 'gyroADC[axis]' 배열 변수의 값을 갱신한다.
- 'constrain()' 함수로 각 축의 최대/최소값을 지정한다.

```
      if (calibratingG == 1) {
        gyroZero[axis]=g[axis]>>9;
      }
    }
    calibratingG--;
  }
  for (axis = 0; axis < 3; axis++) {
    imu.gyroADC[axis]  -= gyroZero[axis];
    //anti gyro glitch, limit the variation between two consecutive readings
    imu.gyroADC[axis]                                                   =
constrain(imu.gyroADC[axis],previousGyroADC[axis]-800,previousGyroADC[axis]+800);
    previousGyroADC[axis] = imu.gyroADC[axis];
  }
}
```

[Library] DroneIMU.cpp – 'GYRO_Common()'(2/2)

(7) getEstimatedAttitude()

'getEstimatedAttitude()' 함수는 가속도 센서 데이터의 노이즈 성분을 제거하기 위하여 사용한다.

가속도 센서 데이터의 노이즈 성분을 잡기 위하여 LPF(low-pass filter) 저주파 통과 필터를 사용한다. 단어 그대로 저주파 신호는 통과 시키고 고주파 신호는 걸러내는 필터를 말하며, 다음과 같은 수식으로 구현한다.

$$x_n = ax_{n-1} + (1-a)x_n x_n = ax_{n-1} + 1 - a)x_n$$

저주파 통과 필터는 오래된 측정값에 더 작은 가중치를 부여하는 필터이기 때문에 수식에 있는 a가 작아지면 잡음이 더 많아지고, a가 커지면 잡음은 줄어드는 대신 지연시간이 더 커지게 된다.

- 축을 위한 변수 'axis'를 선언한다.
- LPF(low-pass filter)값이 적용된 센서 값이 저장될 변수 'accMag'를 선언하고 0으로 초기화한다.
- radian/ms 단위의 각도 값이 저장될 변수 'scale'을 선언한다.
- radian/ms 단위의 각 축의 속도 값이 저장될 배열변수 'deltaGyroAngle[]'를 선언한다.
- 시간 계산을 위한 변수 'previousT'와 'currenT'를 각각 생성한다.
- 'scale' 변수에 시간 변수의 차와 'GYRO_SCALE'을 계산하여 radian/ms 단위의 값을 저장한다. 'GYRO_SCALE' 변수의 저장 값은 라이브러리에 선언되어 있다.

```
void _DroneIMU::getEstimatedAttitude(){
        uint8_t axis;
        int32_t accMag = 0;
        float scale, deltaGyroAngle[3];
        static uint16_t previousT;
        uint16_t currentT = micros();

        scale = (currentT - previousT) * GYRO_SCALE;
        previousT = currentT;
```

[Library] DroneIMU.cpp – 'getEstimatedAttitude'(1/5)

'오일러 회전 값'이란 3차원의 세계를 3개의 각도로 표현한 좌표이다. 오일러 회전 값을 이용하여 원점을 기준으로 내 자신까지의 거리 및 각도의 차이를 표현할 수 있다. 일반적으로 드론을 특정 좌표로 이동하도록 명령을 보낼 때 해당 좌표계를 알려면 원점으로부터의 차이를 알아야하기 때문에 오일러 회전 값을 이용하여 값을 산출한다.

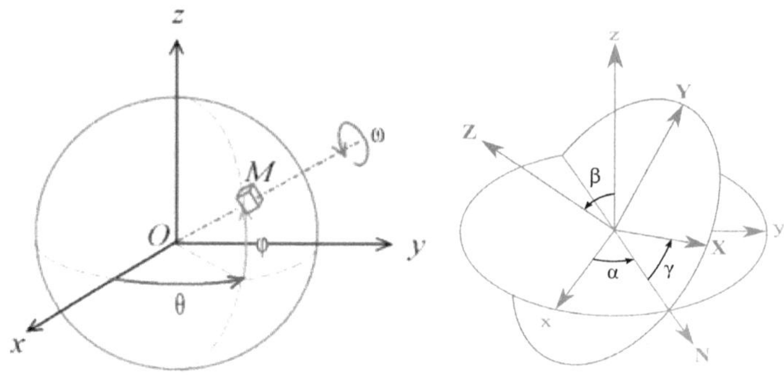

[그림 14] 오일러 좌표계

- for 문을 이용하여 각 축(X, Y, Z)에 LPF를 적용하여 배열 변수 'imu.accSmooth[axis]'에 저장한다.
- 'rotateV()' 함수를 이용하여 오일러 회전 값을 구하여 드론이 현재 바라보고 있는 방향의 벡터 값을 산출한다. EstG의 Vector 값과 'deltaGyroAngle[]' 배열 변수를 인자 값으로 사용한다.

```
        // Initialization
        for (axis = 0; axis < 3; axis++) {
                deltaGyroAngle[axis] = imu.gyroADC[axis]  * scale;

                accLPF32[axis]    -= accLPF32[axis]>>ACC_LPF_FACTOR;
                accLPF32[axis]    += imu.accADC[axis];
                imu.accSmooth[axis]    = accLPF32[axis]>>ACC_LPF_FACTOR;

                accMag += (int32_t)imu.accSmooth[axis]*imu.accSmooth[axis] ;
        }
        accMag = accMag*100/((int32_t)acc_1G*acc_1G);

        rotateV(&EstG.V,deltaGyroAngle);
        rotateV(&EstM.V,deltaGyroAngle);

        if ( abs(imu.accSmooth[ROLL])<acc_25deg && abs(imu.accSmooth[PITCH])<acc_25deg
&& imu.accSmooth[YAW]>0) {
                f.SMALL_ANGLES_25 = 1;
        } else {
                f.SMALL_ANGLES_25 = 0;
        }
```

[Library] DroneIMU.cpp – 'getEstimatedAttitude'(2/5)

- 각 축의 값에 상보 필터를 적용하여 현재 가속도 값에 섞인 에러 값을 필터링한 값을 구한다. 이 과정을 통해서 구해진 값 'EstM.A[axis]', 'EstM32.A[axis]'는 각 축의 값 산출을 위한 도구로 사용한다.

```
        // Apply complimentary filter (Gyro drift correction)
        // If accel magnitude >1.15G or <0.85G and ACC vector outside of the limit range
=> we neutralize the effect of accelerometers in the angle estimation.
        // To do that, we just skip filter, as EstV already rotated by Gyro
        if (  72 < accMag && accMag < 133 )
                for (axis = 0; axis < 3; axis++) {
                        EstG.A[axis]    =    (EstG.A[axis]    *    GYR_CMPF_FACTOR    +
imu.accSmooth[axis]) * INV_GYR_CMPF_FACTOR;
                }
        for (axis = 0; axis < 3; axis++) {
                EstM.A[axis] = (EstM.A[axis] * GYR_CMPFM_FACTOR  + imu.magADC[axis])
* INV_GYR_CMPFM_FACTOR;
                EstM32.A[axis] = EstM.A[axis];
        }

        for (axis = 0; axis < 3; axis++)
                EstG32.A[axis] = EstG.A[axis]; //int32_t cross calculation is a little bit faster
than float
```

[Library] DroneIMU.cpp – 'getEstimatedAttitude'(3/5)

- 각 축(X, Y, Z)의 추정 벡터 값을 계산하여 드론 가속도 센서의 Roll, Pitch 값을 산출한다.
- 계산이 완료된 값은 변수 'att.angle[ROLL]', 'attangle[PITCH]'에 각각 저장한다.

```
        // Attitude of the estimated vector
        int32_t sqGZ = sq(EstG32.V.Z);
        int32_t sqGX = sq(EstG32.V.X);
        int32_t sqGY = sq(EstG32.V.Y);
        int32_t sqGX_sqGZ = sqGX + sqGZ;
        float invmagXZ  = InvSqrt(sqGX_sqGZ);
        invG = InvSqrt(sqGX_sqGZ + sqGY);
        att.angle[ROLL]  = _atan2(EstG32.V.X , EstG32.V.Z);
        att.angle[PITCH] = _atan2(EstG32.V.Y , invmagXZ*sqGX_sqGZ);
```

[Library] DroneIMU.cpp – 'getEstimatedAttitude'(4/5)

- 드론의 각 축에 저장된 벡터 값을 연산하여 드론이 바라보는 방향의 값을 산출하여 'att.heading' 변수에 저장한다.

```
        att.heading = _atan2(
                EstM32.V.Z * EstG32.V.X - EstM32.V.X * EstG32.V.Z,
                EstM32.V.Y * invG * sqGX_sqGZ  - (EstM32.V.X * EstG32.V.X + EstM32.V.Z
* EstG32.V.Z) * invG * EstG32.V.Y );
        att.heading += MAG_DECLINIATION * 10; //add declination
        att.heading = att.heading /10;
}
```

[Library] DroneIMU.cpp – 'getEstimatedAttitude'(5/5)

부록 3 Adafruit_BMP085_Unified-master, Adafruit_Sensor-master

Barometer 센서를 사용하기 위한 라이브러리. 기압 측정에 사용되는 함수들이 포함되어 있다. 각각의 함수들의 세부 내용은 "Adafruit_BMP085_U.cpp"에 정의되어 있다.

(1) bmp.begin()

'bmp.begin()'는 압력 센서를 초기화하는 함수이다. 호출시 I2C 통신을 위한 센서의 초기화 설정이 이루어진다.

- I2C 통신을 위하여 'Wire.begin()' 또는 'Wire1.begin()'을 선언하여 통신을 초기화한.
- if 문을 이용하여 센서 모드를 'BMP085_MODE_ULTRAHIGHRES' 인자 값으로 설정한다. 인자 값의 내용은 'Adafruit_BMP085_U.h' 파일에 선언되어 있다.

```
bool Adafruit_BMP085_Unified::begin(bmp085_mode_t mode)
{  #if !defined(ARDUINO_ARCH_SAM)
  // Enable I2C
  Wire.begin();
  #else
  Wire1.begin();
  #endif

  /* Mode boundary check */
  if ((mode > BMP085_MODE_ULTRAHIGHRES) || (mode < 0))
  {
    mode = BMP085_MODE_ULTRAHIGHRES;
  }
```

[Library] Adafruit_BMP085_U.cpp - 'begin()'(1/2)

- 인자 값의 주소가 맞는지 체크를 위하여 'id' 변수를 생성한다.
- 'read8()' 함수를 사용하여 'BMP085_REGISTER_CHIPID'의 값을 읽어온다.
- 'id'의 값이 '0x55'가 아닌 경우 'false'를 리턴한다.
- '_bmp085Mode' 변수에 현재 모드의 값이 저장된 'mode' 변수를 저장한다.
- 'readCoefficients()' 함수를 호출하여 센서의 설정 값을 읽어 들인다.
- 해당 과정이 완료되면 'true'를 리턴한다.

```
  /* Make sure we have the right device */
  uint8_t id;
  read8(BMP085_REGISTER_CHIPID, &id);
  if(id != 0x55)
  {
    return false;
  }
  /* Set the mode indicator */
  _bmp085Mode = mode;
  /* Coefficients need to be read once */
  readCoefficients();
  return true;
}
```

[Library] Adafruit_BMP085_U.cpp - 'begin()'(2/2)

(2) bmp.getEvent()

'bmp.getEvent()'는 압력 센서 값을 읽어오는 함수이다. 호출시 압력 센서의 값을 변수에 저장하고 리턴한다.

- 센서의 데이터를 저장할 변수 'pressure_kPa'를 선언한다.
- event를 사용하여 센서의 ID, Type을 선언한다.
- 'getPressure()'를 호출하여 현재 기압 센서의 데이터를 받아온다.
- 'pressure' 변수에 기압 값 변환 계산 후 저장한다.
- 처리가 완료되면 'true'를 리턴한다.

```
bool Adafruit_BMP085_Unified::getEvent(sensors_event_t *event)
{
  float pressure_kPa;
  /* Clear the event */
  memset(event, 0, sizeof(sensors_event_t));
  event->version   = sizeof(sensors_event_t);
  event->sensor_id = _sensorID;
  event->type      = SENSOR_TYPE_PRESSURE;
  event->timestamp = 0;
  getPressure(&pressure_kPa);
  event->pressure = pressure_kPa / 100.0F;

  return true;
}
```

[Library] Adafruit_BMP085_U.cpp - 'getEvent()'

(3) bmp.getPressure(pressure)

'bmp.getPressure()'는 압력 값을 읽어오는 함수이다. 압력 값을 kPa 단위로 가져온다.

```
void Adafruit_BMP085_Unified::getPressure(float *pressure)
{  int32_t  ut = 0, up = 0, compp = 0;
  int32_t  x1, x2, b5, b6, x3, b3, p;
  uint32_t b4, b7;

  /* Get the raw pressure and temperature values */
  readRawTemperature(&ut);
  readRawPressure(&up);
  /* Temperature compensation */
  b5 = computeB5(ut);
  /* Pressure compensation */
  b6 = b5 - 4000;
  x1 = (_bmp085_coeffs.b2 * ((b6 * b6) >> 12)) >> 11;
  x2 = (_bmp085_coeffs.ac2 * b6) >> 11;
  x3 = x1 + x2;
  b3 = (((((int32_t) _bmp085_coeffs.ac1) * 4 + x3) << _bmp085Mode) + 2) >> 2;
  x1 = (_bmp085_coeffs.ac3 * b6) >> 13;
  x2 = (_bmp085_coeffs.b1 * ((b6 * b6) >> 12)) >> 16;
  x3 = ((x1 + x2) + 2) >> 2;
  b4 = (_bmp085_coeffs.ac4 * (uint32_t) (x3 + 32768)) >> 15;
  b7 = ((uint32_t) (up - b3) * (50000 >> _bmp085Mode));
  if (b7 < 0x80000000)
  {
    p = (b7 << 1) / b4;
  }
  else
  {
    p = (b7 / b4) << 1;
  }
  x1 = (p >> 8) * (p >> 8);
  x1 = (x1 * 3038) >> 16;
  x2 = (-7357 * p) >> 16;
  compp = p + ((x1 + x2 + 3791) >> 4);

  /* Assign compensated pressure value */
  *pressure = compp;
}
```

[Library] Adafruit_BMP085_U.cpp - 'getPressure()'

부록 4 DroneGPS

드론 GPS 센서를 사용하기 위한 라이브러리. GPS 센서 측정에 사용되는 함수들이 포함되어 있다. 각각의 함수들의 세부 내용은 "DroneGPS.cpp"에 정의되어 있다.

(1) DroneGPS.getGPSData()

'DroneGPS.getGPSData()'는 GPS 센서의 데이터를 받아오는 함수이다. 호출시 GPS의 위도/경도의 도, 분, 초 데이터를 받아온다.

- 라이브러리의 'gps_data_t _DroneGPS::getGPSData()'가 호출되어 GPS 센서의 위도와 경도의 방위, 시, 분, 초 값을 읽어 변수에 저장한다. 저장된 변수들의 데이터는 리턴한다.

```
gps_data_t _DroneGPS::getGPSData()
{
  volatile unsigned int uiLaLoitudeInteger;
  volatile long lTempData;
  int iTempData;

  int readLength = dataRequest(DATA_TABLE_ADDRESS_LATITUDE_INT_15T8, 5);//데이터가 읽히지 않았을 시
  if(readLength < 5)
  {
    return m_gps_data;
  }
  uiLaLoitudeInteger = (m_data_buffer[0] << 8) | m_data_buffer[1];
  lTempData = ((((long)m_data_buffer[2] & 0x01) << 16) | ((long)m_data_buffer[3] << 8) | (long)m_data_buffer[4]);
  m_gps_data.latitude_course = (m_data_buffer[2] & 0x02)? GPS_NORTH : GPS_SOUTH;
  m_gps_data.latitude_degree = (int)floor(uiLaLoitudeInteger / 100);
  m_gps_data.latitude_minute = uiLaLoitudeInteger % 100;
  m_gps_data.latitude_second = (double)lTempData * 0.0006;
  //Serial.println(lTempData);

  dataRequest(DATA_TABLE_ADDRESS_LONGITUDE_INT_15T8, 5);
  uiLaLoitudeInteger = (m_data_buffer[0] << 8) | m_data_buffer[1];
  lTempData = ((((long)m_data_buffer[2] & 0x01) << 16) | ((long)m_data_buffer[3] << 8) | (long)m_data_buffer[4]);
  m_gps_data.longitude_course = (m_data_buffer[2] & 0x02)? GPS_EAST : GPS_WEST;
  iTempData = (int)floor(uiLaLoitudeInteger / 100);

  if(iTempData > 180) return m_gps_data;
```

[Library] DroneGPS.cpp – 'getGPSData()'(1/2)

```
  m_gps_data.longitude_degree = iTempData;
  m_gps_data.longitude_minute = uiLaLoitudeInteger % 100;
  m_gps_data.longitude_second = (double)lTempData * 0.0006;

  #if 0 //위도, 경도가 아닌 데이터 받기를 활성화 할 시 1로 변경
  dataRequest(DATA_TABLE_ADDRESS_UTC_TIME_HOUR, 3);
  m_gps_data.hour = m_data_buffer[0];
  m_gps_data.minute = m_data_buffer[1];
  m_gps_data.second = m_data_buffer[2];
  dataRequest(DATA_TABLE_ADDRESS_FIX_SATELLITES, 1);
  m_gps_data.fixQuality = m_data_buffer[0]>>6;

  dataRequest(DATA_TABLE_ADDRESS_ALTITUDE_15T8, 2);
  m_gps_data.altitude = (float)((m_data_buffer[0] << 8) | m_data_buffer[1]) / 10;
  #endif
  return m_gps_data;
}
```

[Library] DroneGPS.cpp – 'getGPSData()'(2/2)

(2) DroneGPS.dataRequest(requestAddr, requestDataLength)

GPS 센서의 데이터를 요청하는 함수이다. 특정 어드레스의 지정된 길이만큼의 데이터를 읽어와 버퍼 길이를 리턴한다.

```
int _DroneGPS::dataRequest(uint8_t requestAddr, uint8_t requestDataLength)
{
  int bufLength = 0;
  memset(m_data_buffer, 0xFF, sizeof(m_data_buffer)/sizeof(uint8_t));
  Wire.beginTransmission(GPS_I2C_ADDR);
  Wire.write(requestAddr);              // sends one byte
  Wire.endTransmission();     // stop transmitting
  Wire.requestFrom(GPS_I2C_ADDR, (int)requestDataLength);     // request 6 bytes from
slave device #8

  #ifdef _DEBUG_
  Serial.print("Addr : ");
  Serial.print((int)requestAddr);
  Serial.print(", ");
```

[Library] DroneGPS.cpp – 'dataRequest()'(1/2)

```
  #endif
  while(Wire.available())
  {
    unsigned char c = (uint8_t)Wire.read();
    m_data_buffer[bufLength++] = c;
    #ifdef _DEBUG_
    Serial.print((int)c);            // print the character
                  Serial.print(' ');
    #endif
  }
  #ifdef _DEBUG_
  Serial.println();
  #endif
  delay(100);
  return bufLength;
}
```

[Library] DroneGPS.cpp – 'dataRequest()'(2/2)

부록 5 DroneMotorControl

드론 모터 제어를 사용하기 위한 라이브러리. 드론 모터 동작에 사용되는 함수들이 포함되어 있다. 각각의 함수들의 세부 내용은 "DroneMotorControl.cpp"에 정의되어 있다.

(1) DroneMotorControl.initMotors()

'DroneMotorControl.initMotors()' 함수는 모터를 초기화한다. 모터에 연결되어 있는 핀을 출력으로 설정하고, ESC를 캘리브레이션 한다.

- 모터를 사용하기 전에 각 모터를 출력으로 설정하고, PWM 값을 초기화한다.
- if 문을 사용하여 BLDC 모터와 연결된 ESC도 함께 초기화한다.

```
void _DroneMotorControl::initMotors(uint8_t caliEn)
{
    /****************           mark all PWM pins as Output          ******************/
    for(uint8_t i=0;i<NUMBER_MOTOR;i++) {
      pinMode(PWM_PIN[i],OUTPUT);
    }
    /*****   Specific PWM Timers & Registers for the atmega32u4 (Promicro)    ******/
    TCCR1A |= (1<<WGM11); // phase correct mode & no prescaler
    TCCR1A &= ~(1<<WGM10);
    TCCR1B &= ~(1<<WGM12) &  ~(1<<CS11) & ~(1<<CS12);
    TCCR1B |= (1<<WGM13) | (1<<CS10);
    ICR1   |= 0x3FFF; // TOP to 16383;
    TCCR1A |= _BV(COM1A1); // connect pin 9 to timer 1 channel A
    TCCR1A |= _BV(COM1B1); // connect pin 10 to timer 1 channel B

    TCCR3A |= (1<<WGM31); // phase correct mode & no prescaler
    TCCR3A &= ~(1<<WGM30);
    TCCR3B &= ~(1<<WGM32) &  ~(1<<CS31) & ~(1<<CS32);
    TCCR3B |= (1<<WGM33) | (1<<CS30);
    ICR3   |= 0x3FFF; // TOP to 16383;
    TCCR3A |= _BV(COM3A1); // connect pin 5 to timer 3 channel A
    TCCR4E |= (1<<ENHC4); // enhanced pwm mode
    TCCR4B &= ~(1<<CS41); TCCR4B |= (1<<CS42)|(1<<CS40); // prescaler to 16
    TCCR4D |= (1<<WGM40); TC4H = 0x3; OCR4C = 0xFF; // phase and frequency
correct mode & top to 1023 but with enhanced pwm mode we have 2047
    TCCR4C |= (1<<COM4D1)|(1<<PWM4D); // connect pin 6 to timer 4 channel D

    /********  special version of MultiWii to calibrate all attached ESCs ************/
    if(caliEn != 0)
    {
```

[Library] DroneMotorControl.cpp - 'initMotors()'(1/2)

```
        writeAllMotors(ESC_CALIB_HIGH);
        delay(5000);
        writeAllMotors(ESC_CALIB_LOW);
        delay(5000);
        writeAllMotors(STOP_MOTOR);
        delay(1000);
    }
    writeAllMotors(STOP_MOTOR);
    delay(1000);
}
```

[Library] DroneMotorControl.cpp - 'initMotors()'(2/2)

(2) DroneMotorControl.writeAllMotors()

'DroneMotorControl.writeAllMotors()' 함수는 연결되어 있는 전체 모터에 제어 명령을 부여한다. 라이브러리에 선언되어 있는 모터 출력변수를 호출하여 모터를 제어한다.

- 모터의 수가 4개이므로, 4개의 모터에 주어진 인자 값(mc)으로 모터 값을 설정한다. 인자 값으로 사용하는 'STOP_MOTOR'는 모터의 파워를 1000으로 입력하여 모터를 정지시킨다.
- 'writeMotors()' 함수로 모터에 값을 전달한다.

```
/*
 * 'DroneMotorControl.h' 에 선언되어 있는 정의
 * NUMBER_MOTOR       4        //모터의 개수
 * MOTOR              1000     //모터를 정지시키는 파워 정의
 * MIN_SC_CMD                  1000     //ESC에 입력되는 최소 수치
 * MIN_THROTTLE       1100     //최소 쓰로틀 파워 정의
 * MAX_THROTTLE       1850     //최대 쓰로틀 파워 정의
 * MAX_ESC_CMD        2000     //ESC에 입력되는 최대 수치
 */

void _DroneMotorControl::writeAllMotors(uint16_t mc)
{
    // Sends commands to all motors
    for (uint8_t i =0;i<NUMBER_MOTOR;i++) {
      motor[i]=mc;
    }
    writeMotors();
}
```

[Library] DroneMotorControl.cpp – 'writeAllMotors()'

(3) DroneMotorControl.writeMotors()

'DroneMotorControl.writeMotors()'는 드론의 BLDC 모터가 연결되어 있는 포트에 사용자가 설정한 값을 전달하는 함수이다. 함수를 실행하면 100만큼 증가한 모터 회전을 하며 숫자가 높아질수록 PWM의 High 구간이 넓어져 모터 회전속도는 빨라지고, 반대로 숫자가 낮아질수록 PWM 0의 구간이 넓어져 모터의 회전 속도는 느려진다.

모터의 회전 최소에서 최대 구간은 1000~2000 범위를 갖는다.

```
void _DroneMotorControl::writeMotors(void)
{
    TC4H = motor[0]>>8;
    OCR4D = (motor[0]&0xFF);
    OCR1A = motor[0]<<3;
    OCR1B = motor[1]<<3;
    OCR3A = motor[2]<<3;
    TC4H = motor[3]>>8;
    OCR4D = (motor[3]&0xFF);
}
```

[Library] DroneMotorControl.cpp - 'writeMotors()'

부록 6 SparkFun_MAG3110_Breakout_Board_Arduino_Library-master

Magnetometer 센서를 사용하기 위한 라이브러리. 지자계 측정에 사용되는 함수들이 포함되어 있다. 각각의 함수들의 세부 내용은 "SparkFun_MAG3110.cpp"에 정의되어 있다.

(1) mag.initialize()

'mag.initialize()'는 지자기 센서의 초기화를 위한 함수이다. I2C 통신을 위한 주파수를 설정하고, 'reset()' 함수를 호출하여 초기화를 진행한다.

- 'Wire.begin()'을 선언하여 I2C 통신을 초기화한다.
- 'Wire.setClock(주파수)'를 호출하여 I2C 통신을 위한 주파수를 설정한다.
- if 문을 사용하여 지자기 센서의 I2C 통신이 이뤄지지 않았을 경우 'false'를 리턴하여 센서 초기화를 다시 진행하고, 통신이 정상적으로 연결되었을 경우 'true'를 리턴한다.

```
bool MAG3110::initialize() {
        Wire.begin();
        Wire.setClock(400000);              // I2C fast mode, 400kHz
        if(readRegister(MAG3110_WHO_AM_I) != MAG3110_WHO_AM_I_RSP){ //Could
not find MAG3110
                //Serial.println("Could not find MAG3110 connected!");
                return false;
        }
        else //Successfully initialized
        {
                //Initial values
                reset();
                return true;
        }
}
```

[Library] SparkFun_MAG3110.cpp - 'initialize()'

(2) mag.readMag(int x, int y, int z)

'mag.readMag()'는 지자기 센서의 값을 읽어오는 함수이다. 호출시 X, Y, Z 축의 데이터를 읽어와 배열 변수에 각각 저장한다.

- 'Wire1.beginTransmission()'를 선언하여 전송을 시작하기 위한 주소 값을 지정한다.
- 'wire1.write()' 함수로 'MAG3110_OUT_X_MSB'의 데이터 버퍼를 저장한다.
- 'Wire1.endTransmission()'를 호출하여 데이터 버퍼를 전송한다.

- 'Wire1.requestFrom()' 함수로 'MAG3110_I2C_ADDRESS' 인자 값에 저장된 데이터를 6바이트 만큼 요청한다.

```
void MAG3110::readMag(int* x, int* y, int* z)
{
        // Start readout at X MSB address
        Wire1.beginTransmission(MAG3110_I2C_ADDRESS);
        Wire1.write(MAG3110_OUT_X_MSB);
        Wire1.endTransmission();

        delayMicroseconds(2);

        // Read out data using multiple byte read mode
        Wire1.requestFrom(MAG3110_I2C_ADDRESS, 6);
        while( Wire1.available() != 6 ) {}
```

[Library] SparkFun_MAG3110.cpp - 'readMag()'(1/2)

- 데이터가 저장될 'value[]' 배열변수를 선언한다.
- I2C 통신으로 읽어온 데이터를 for문을 이용하여 'values[]' 배열 변수에 순차적으로 저장한다.
- 'values[]'에 저장된 값을 '*x', '*y', '*z' 변수에 비율을 설정하여 갱신한다.

```
        // Combine registers
        uint16_t values[3];
        for(uint8_t idx = 0; idx <= 2; idx++)
        {
                values[idx]  = ((uint16_t)Wire1.read()) << 8;          // MSB
                values[idx] |= ((uint16_t)Wire1.read());                    // LSB
                //Serial.print(values[idx], HEX);
                //Serial.print('\t');
        }
        // Put data into referenced variables
        *x = (int) values[0] % 1000;
        *y = (int) values[1] % 1000;
        *z = (int) values[2] % 1000;
}
```

[Library] SparkFun_MAG3110.cpp - 'readMag()'(2/2)

(3) mag.enterCalMode()

'mag.enterCalMode()' 함수는 지자기 센서를 교정모드로 설정하는 함수이다. 호출시 센서를 교정 모드로 설정하고, X와 Y축의 최소/최대 값의 범위를 지정한다.

- 호출시 센서의 교정모드(calibrationMode)를 'true'로 설정한다.
- X축과 Y축의 최소, 최대 값의 범위를 지정한다.
- 'setDR_OS()' 함수를 호출하여 'MAG3110_DR_OS_80_16'의 레지스터 값을 읽어 온다.
- 'activeMode'가 활성화 되어 있지 않으면 'start()' 함수를 호출하여 'activeMode'를 활성화 한다.

```
void MAG3110::enterCalMode(){
        calibrationMode = true;
        //Starting values for calibration
        x_min = 32767;
        x_max = 0x8000;
        y_min = 32767;
        y_max = 0x8000;
        //Read raw readings for calibration
        rawData(true);
        calibrated = false;
        //Set to active mode, highest DROS for continous readings
        setDR_OS(MAG3110_DR_OS_80_16);
        if(!activeMode)
                start();
}
```

[Library] SparkFun_MAG3110.cpp - 'enterCalMode()'

(4) mag.calibrate()

'mag.calibrate()'는 지자기 센서를 교정하는 함수이다. 현재 읽어온 X, Y축의 값과 설정한 최소/최대 값을 비교하여 현재 읽어온 값을 현재의 값으로 변경한다.

- 지자기 센서 값을 저장할 변수 'x, y, z'를 선언한다.
- 'readMag()' 함수에서 읽어온 X, Y, Z축의 값에서 X와 Y축의 값을 교정한다.
- X축의 값이 교정모드에서 설정한 최소값(x_min)보다 작을 경우 현재 X축의 값을 최소값으로 설정한다.
- X축의 값이 최대값(x_max)보다 클 경우 현재 X축의 값을 최대값으로 설정한다.
- Y축의 값이 교정모드에서 설정한 최소값(y_min)보다 작을 경우 현재 Y축의 값을 최소값으로 설정한다.
- Y축의 값이 최대값(y_max)보다 클 경우 현재 Y축의 값을 최대값으로 설정한다.
- 설정이 모두 완료되면 'timeLastChange'의 값을 'millis()' 값으로 초기화한다.
- 'millis()'의 값이 5000 보다 크거나 일정 시간이 지난 경우 'exitCalMode()' 함수를 호출하여 캘리브레이션을 종료한다.

```
void MAG3110::calibrate(){
        int x, y, z;

        readMag(&x, &y, &z);
                bool changed = false; //Keep track of if a min/max is updated
        if(x < x_min)
    {
      x_min = x;
      changed = true;
    }
    if(x > x_max)
    {
      x_max = x;
      changed = true;
    }
    if(y < y_min)
    {
      y_min = y;
      changed = true;
    }
    if(y > y_max)
    {
      y_max = y;
      changed = true;
    }

        if(changed)
      timeLastChange = millis(); //Reset timeout counter

    if(millis() > 5000 && millis() - timeLastChange > CALIBRATION_TIMEOUT) //If the
timeout has been reached, exit calibration
          exitCalMode();
}
```

[Library] SparkFun_MAG3110.cpp – 'calibrate()'

(5) mag.exitCalMode()

지자기 센서의 교정 모드를 종료하는 함수이다. X, Y축의 값을 설정하고 교정 모드를 완료한다.

- 'x_offset'과 'y_offset' 값을 계산하여 각각 저장한다.
- X축고 Y축의 스케일을 설정한다.
- 앞에서 계산한 offset값으로 X축과 Y축의 값을 설정한다.

```
void MAG3110::exitCalMode(){
        //Calculate offsets
        x_offset = (x_min + x_max)/2;
        y_offset = (y_min + y_max)/2;

        x_scale = 1.0/(x_max - x_min);
        y_scale = 1.0/(y_max - y_min);

        setOffset(MAG3110_X_AXIS, x_offset);
        //Set the offsets
        setOffset(MAG3110_Y_AXIS, y_offset);

        //Use the offsets (set to normal mode)
        rawData(false);

        calibrationMode = false;
        calibrated = true;

        //Enter standby and wait
        //enterStandby();
}
```

[Library] SparkFun_MAG3110.cpp – 'exitCalMode()'

(6) mag.reset()

지자기 센서를 리셋하는 함수이다. 진입 모드로 설정하고 X, Y, Z축의 값을 0으로 리셋한다.

- 'enterSytandby()' 함수로 대기상로 진입한다.
- 레지스터의 데이터 값을 모두 초기화한다.
- 캘리브레이션 모드, 액티브 모드, raw 모드를 모두 false로 설정한다.
- X, Y, Z축의 값을 0으로 리셋한다.

```
void MAG3110::reset() {
        enterStandby();
        writeRegister(MAG3110_CTRL_REG1, 0x00); //Set everything to 0
        writeRegister(MAG3110_CTRL_REG2, 0x80); //Enable Auto Mag Reset, non-raw
mode

        calibrationMode = false;
        activeMode = false;
        rawMode = false;
        calibrated = false;

        setOffset(MAG3110_X_AXIS, 0);
        setOffset(MAG3110_Y_AXIS, 0);
        setOffset(MAG3110_Z_AXIS, 0);
}
```

[Library] SparkFun_MAG3110.cpp – 'reset()'

아두이노를 이용한 드론 제어실습

2018년 12월 26일 초판 인쇄

2018년 12월 30일 인쇄 발행

저　　자	김용규, 고일한
발 행 인	송기수
발 행 처	도서출판 위즈덤플
편 집 처	도서출판 위즈덤플
표지디자인	디자인붐
인 쇄 처	대명프린팅
등록번호	제 2015-000009 호
I S B N	979-11-89342-03-6(93560)

주　　소 서울 은평구 증산로 15길 69 2층

전　　화 02-976-7898

팩　　스 02-6468-7898

홈페이지 gsintervision.co.kr

E-Mail gsinter7@gmail.com

정 가　　19,000원